治愈力

从幸福原点出发

子然 沙漠 著

生活·讀書·新知 三联书店

Copyright © 2024 by SDX Joint Publishing Company.
All Rights Reserved.
本作品版权由生活·读书·新知三联书店所有。
未经许可，不得翻印。

图书在版编目（CIP）数据

治愈力：从幸福原点出发 / 子然，沙漠著．
北京：生活·读书·新知三联书店，2024.9.（2025.1 重印）
ISBN 978-7-108-07888-9

Ⅰ．B821-49
中国国家版本馆 CIP 数据核字第 20243MC061 号

策划编辑	唐明星	
责任编辑	刘子瑄	
装帧设计	春　雪	
责任校对	陈　格	
责任印制	董　欢	
出版发行	生活·讀書·新知 三联书店	
	（北京市东城区美术馆东街 22 号　100010）	
网　　址	www.sdxjpc.com	
经　　销	新华书店	
印　　刷	北京隆昌伟业印刷有限公司	
版　　次	2024 年 9 月北京第 1 版	
	2025 年 1 月北京第 2 次印刷	
开　　本	787 毫米 × 1092 毫米　1/32　印张 5.75	
字　　数	100 千字	
印　　数	3,001 - 5,000 册	
定　　价	59.00 元	

（印装查询：01064002715；邮购查询：01084010542）

导 读

本书有三个主人公：你，李不才；他，张不慧；我，作者。就人性原理和幸福的轻松获得，结合生活中的故事进行思考、辩论，得出对读者实用的幸福指南。

目录

导读

第一章　疑惑　*1*

生命的每一天都是由这些莫名其妙的悖论编织而成的,它们既是让人们焦虑、灵魂无处安放的原因,又可能是人们的幸福来源,是人们生命意义的全部。

第二章　原理　*33*

生命的意义就是做到幸福最大化。幸福的原点,生存与扩张,是生命基因自带而不可更改的天性,但最终决定我们幸福结果的算法简单到只有四个分支维度。

第三章　解惑　*65*

关于幸福的理性思考或许能通过对我们感性系统的修正来提高我们每个个体的幸福程度,也能够提升公共幸福,可这对人类物种的未来意味着什么,却是我们不得而知且担心的。

第四章　绾结　*137*

要消除痛苦与焦虑,有五道核心法门和七条幸福秘诀。我们坚信,只要持之以恒地应用这些秘诀,幸福一定会不断提升。

附:幸福小手册　*170*

后记　*175*

第一章
疑惑

// 生命的每一天都是由悖论编织而成的

● 你叫李不才,喜欢低头沉思,喜欢抬头做人,喜欢交朋结友,喜欢跌宕起伏的生活,能力有限,运气时好时坏,普普通通的一个聪明人。你是我的好朋友。

在一个周六早晨,纽约街头,你正哼着小曲,穿过马路去街对面买咖啡,骤然一阵尖锐刺耳的急刹车声伴随急促的汽车喇叭声吓得你一激灵,然后就是司机对你的怒吼:"蠢蛋,你在想什么呢?!想人生的意义吗?去地狱吧!"你愣了愣神,向司机报以歉意的微笑。

这是你第三天在这家很小很温馨的精品咖啡店买咖啡了。这家咖啡的确好喝,特有的香味丝滑且久驻。你坚信时间是用来创造人生奇迹的,却又很乐意把时间浪费在咖啡上。前天你在寒冷的街边排了20分钟的队,可毕竟买到这么好喝的咖啡,觉得真值!昨天你去得稍早一点,算准了咖啡店开门的时间,果然排了15分钟队就买到了咖啡,好开心!可回头一看,你身后竟然无一人排队,你呆愣地看着手中的咖啡,突然间有那么一点哭笑不得的失落,那天的咖啡也变得口感一般起来。

　　司机的怒斥丝毫没有破坏你早上对一杯好咖啡的期待。你耐心地在刺骨的北风中排队,情不自禁地回头,看到身后的长龙越来越长,你有点莫名其妙地欣慰,至少不会像昨天那样后边没人排队。足足排了30分钟才轮到你,冻得你浑身发抖,纽约这该死的冬天!你又有点后悔没像昨天那样等开门,只排15分钟就可以了。你刚拿好咖啡,店小二朝着沿街长长的队伍大声宣布:"很抱歉,我们的咖啡机出了故障,请大家两小时后再来。"你双手紧紧地捧着冒热气的咖啡,生怕打翻了。这杯咖啡比任何咖啡都更加香浓,每一口都是美美的满足!

　　司机挖苦你在想人生的意义,荒唐的是你还真的是在想人生到底有没有意义,有什么意义。其实,这是你从小就经常想的问题,只有在与女友热恋期间,你完全不想这个无聊的问题。你以为自己基本想通了:人生是有意义的!如果没有意义,人们可以选择结束生命,而大部分人没有选择结束生命,说明生命就一定有某种意义。当你正在喝咖啡时,当你看见了令你怦然心动的那位时,当你经历跌宕起伏的人生时,当你接受众人的羡慕和掌声时,当你阳台上的花开了,当你的孩子咿呀学语时,当朝阳升起的一瞬间,当你第一次登上某一个并不起眼的山顶时,当你给问路人指了正确的方向时,难道你不觉得都很有意义吗?!正是因为有意义,我们绝大部分人才怕死。那是什么意义呢?可能是幸福吧。不记得哪位哲学家曾说过:"追求最大幸福是人生伟大的事业。"你给司机的那个悠然微笑还真是油然而生啊!

这三天买咖啡的经历却又让你再次思考起来。同样的咖啡,同样在冷风中排队,第一天排了20分钟觉得"真值";第二天排了15分钟,却是"哭笑不得的失落",不幸福;第三天被司机吼了,还等了30分钟,却"每一口都是美美的满足"。如果人生的意义是寻找幸福,幸福却好像又有点扑朔迷离。

你把这叫"咖啡悖论":排队买咖啡,排队时间越短越快乐;但是,不管排队时间多短,后面无人排队总是不快乐的;不管排队时间多长,买到最后一杯咖啡却总是快乐的。

路过街边的便利店,"强力球累计奖金10亿美元,给你的梦想一个机会"的标语还是吸引了你的注意力,你决

治愈力：从幸福原点出发

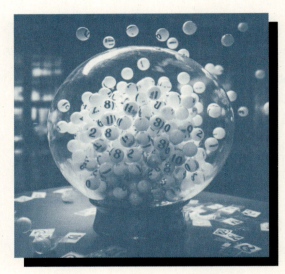

"彩票诅咒"：70%赢大奖的人在7年之内破产

定买几注。这是你人生至今唯一一次买彩票,花了10美元。你以前一直鄙视买彩票的芸芸众生,有点聪明的你在买彩票时是犹豫不决的。毫无疑问,买了就是希望中大奖,可中大奖又未必带来幸福!"彩票诅咒"告诉我们:赢得巨额彩票的人未来破产的可能性远高于社会平均水平,甚至有人宣称,70%赢大奖的人在7年之内破产,也不乏家破人亡的例子!这些破产的人真傻,你当然更相信自己的智慧,你当然一定属于剩下的那些人。可是!所有买彩票的人也都是这么想的,我们也就不知道那些破产的人是从哪里冒出来的。

正当你心中惴惴地想会不会中奖而暴富时,你的好朋友大卫·刘打来电话找你:"你下午有时间吗?来我家一下?"电话那端的声音低沉且沮丧。你的心咯噔了一下,意识到事情的严重性,好为人师的你爽快地答应了:"好的,两点到你家。"

你带着排了30分钟队买到的咖啡回到家中,边享受浓郁的咖啡,品味着深藏于咖啡中的愉悦,边顺手阅读起马斯洛的《动机与人格》,你有个小小的闪念:马斯洛的智慧是否能帮助你理解这3次买咖啡的奇怪滑稽的感受呢?能帮你解开"咖啡悖论"吗?

你当下的幸福就是读懂了大师的著作,还找到了部分不同意他的理由。反驳伟人是你的执拗,也经常给你带来内心的满足和喜悦。你模模糊糊地觉得自己这种人格不太好,可是,它又符合马斯洛理论中最高级的心理需要:自我实现和超越。仔细品味咖啡和马斯洛的理论,你总觉得马斯洛的思考不够彻底、不够完整、不够系统,甚至好像在什么地方有错,连"咖啡悖论"都无法解释!今天这杯咖啡的确格外好喝,可你还是不知道为什么会有"咖啡悖论",对马斯洛多少也有点失望。

中午一位日本裔的朋友大菅先生约了你在纽约中央车站的蚝吧共进午餐。中央车站有来自世界各地熙熙攘攘的人群,蚝吧有来自全球各个海域大大小小奇形怪状的鲜蚝。每天这些人类和这些鲜蚝在这里相遇,鲜蚝什么也没说,人类就决定把鲜蚝生吃了。大菅先生准时到达,他曾是你在华尔街的同事。华尔街的人为了表示自己很繁忙,没有时间啰唆,就给大部分同事都起了最简短的昵称。没有太多为什么,他们都叫大菅为 T。T 和你一起进入了一家顶尖华尔街投行,那时的你还很稚嫩,因为痛恨日本侵华而不待见任何日裔人士,可是 T 却一直对你很友善。你喜欢炫耀自己,专门问刁钻的问题,那些人就误认为你很优秀,因而你获得了公司颁发的大奖。T比你还高兴，欢呼雀跃地跑过来跟你击掌。你想：关你日本人屁事！奇了怪了，就因为T认为他和你同是亚洲人？T的绝技是心算开平方，你却不知道原理，在没有互联网的年代，害得你自己琢磨，花了一两个小时才搞清楚了心算开平方的原理，后来你们就成为好朋友了，你还跟很多人讲过你如何自己搞清楚了心算开平方的原理。你们做这些毫无意义的心算都是为了让其他人说你们"真厉害"，也真够幼稚的。

T满脸都是忧郁，这让你有点不安。你探问了T的工作生活近况，好像也跟周边的人差不多，有每天的喜悦，更有每天的不知如何是好。你知道T凭自己的聪明能干挣了一些钱，早在六七年前就在纽约郊区最好的区域买了一幢300万美元的房子。T娶了一位华人太太，她是华人中少有的那种前凸后翘五官又非常漂亮的女人，T的两个孩子也都在私立寄宿学校读书，孩子们的智商都像T一样高，不费多少力气就是班上数一数二的。总之，T的各方面都挺让人羡慕的。你们喝了一点酒，很上头的那种酒，慢慢地也就聊开了一些。T说他的邻居很多都买了1000万美元到5000万美元的房子。自从T买了这个房子，他太太就越来越频繁地嘀咕邻居家怎样怎样的。在教育孩子上，T的华人太太坚持"虎妈"模式,而T又是顽固不化的"放养主义者",两人几乎每天为此吵闹不休;对比,孩子们有时不知所措,有时在夹缝中求生存,有时也在冲突中找漏洞。

几个月前,跟T一起读博士、一起应聘进公司,还经常一起打高尔夫球,且各方面都不如T的Jack,升为T的顶头上司了。Jack升职后的第一天就一本正经地当起了T的老板,T每天都仿佛吃了一大把苍蝇,吐不出来,还消化不了。家里的事加上工作上的事让T极度郁闷,已经被诊断为重度抑郁症了。你只能安慰T,有点虚伪地说自己无论哪方面都比T差远了之类的话,但是,T哪里听得进去这些心口不一致的安慰。

分开时,你重重地拍了拍T最近驼了很多的后背,没再说什么。你完全不记得午餐具体吃了什么,你的心里却是多了不少深深的皱褶,T那张五官挤成了一小撮的脸,一直在你脑海里晃来晃去。

下午两点,你如约来到大卫·刘家里。

大卫·刘和他太太琳达·李都来自江苏,中学时就是同学,一直是年级的前两名。大卫的性格很宽厚,琳达则漂亮、聪慧、知性,二人都算是天之骄子。最初在一起的几年间,一切都是初恋应该有的美好。后来的一个冬天,琳达被诊断为中期胰腺癌，琳达清楚这可不光是癌症，还是非常难治愈的癌症，于是她决定与大卫分手，这对深爱大卫的琳达而言，是一个内心极其痛苦但又非常满足的决定。大卫则完全不顾家人的意见，坚持立刻与琳达完婚。琳达的父母都是典型的小市民心态，认为大卫居心叵测，气得实诚且被冤枉的大卫足足哭了三天三夜。后来在大卫百般努力之下，他们很快举行了婚礼。琳达鬼使神差地开开心心地过了几年婚后生活，就彻底康复了！病好了之后，他们又一起来到纽约读博士。这两人让你想起诗人勃朗宁夫妇的爱情故事。

大卫一见到你就像点了火药桶了，语无伦次地抱怨起琳达来，还非常罕见地满口飙脏话。夫妻矛盾就是他们来纽约后的这十几年时间里积怨而成，他们一直努力解开，却越解越乱。听起来什么大问题都没有，却又什么都是问题，为在番茄炒蛋里是放5个鸡蛋还是6个鸡蛋都能吵一架。你作为他们的共同朋友，又不是婚姻问题专家，除了和稀泥，实在也没能力提供任何实质性帮助。

你心里暗自嘀嘀咕咕起来。统计上看，虽然各地和各个年代的离婚率各有不同，但现今，在大城市，30%到50%的离婚率已司空见惯，再加上剩下因为财产、子女、家庭的约束而没有离婚却本该离婚，有严重矛盾的夫妻，少说也有一大半。剩下一小半里，还有不少虽没有严重矛盾却也谈不上和睦的，相爱又和睦的夫妻真的就像大都市天空上的星星，就算有，也是寥寥无几。绝大多数夫妻婚前是相爱的，为对方殉情，爱得死去活来的大有人在，而婚后有了孩子，有了互相的支持和陪伴，不应该更相爱吗？！大家都学钱锺书说"城里城外"，大家都说结婚是爱情的坟墓，离婚率也强有力地证明了这一点，可这又是为什么呢？不合情也不合理呀！甚至有统计数字还非常清楚地显示，经济越发达，结婚率越低，离婚率越高。

你一边在想这些统计数字，一边跟大卫说了一些连自己都不太信的道理，有气无力地劝说了他们一个多小时。大卫还告诉你，他经常失眠，甚至通宵不眠，半夜哭泣。大卫虽然也算得上中产阶级，也有些积蓄，可没有和睦的家庭，总是忧心忡忡的，未来就像遮挡住半边天的厚厚黑黑的云，压得大卫每天战战兢兢、气喘吁吁、举步维艰。"我刚到纽约时，交不起房租也没有失眠过……"大卫嘟嘟囔囔道，完全没有逻辑地絮叨个没完，本有的高智商也不知道跑到哪里去了。你带着揪心的惋惜离开了大卫和琳达家。"他们本是那么恩恩爱爱的一对金童玉女呀！"

第一章 疑惑

从大卫家回来,你路过一个轻奢公寓的大门口,新来不久的门卫是一个彬彬有礼的年轻人,叫Jason。公寓没多少人出入,他的工作也就轻松到无所事事。前几天你每次路过时,他都很客气地打招呼,今天你就停下来跟他寒暄了几分钟。他原来是修车行的员工,工作很累,收入也不高,而轻奢公寓门卫的工作收入高了不少,也完全没有修车那样的忙碌和劳累,找到了这么好的工作他很开心。但还没做几天,他就有点坚持不住了,想回修车行。他说现在的工作一天也见不到几个人,说不了几句话,每五分钟看一次表,计算着还有多少时间下班,每天特别难熬,他准备明天辞职回修车行。你有点闹不明白了,我们有那么多人抱怨工作压力,成天感到焦虑,他有这么一个完全没有压力且工资相对高的工作,怎么就干不下去呢?你说了几句安慰他的话,祝他一切顺利。

你邀请了朋友们下午4点来家里"轰趴",在院子里烤汉堡、牛排和热狗,加上足够的啤酒,挺简单的,大家聚在一起边打得州扑克、边看NBA、边赌球、边胡扯。你想起小时候,穷乡夏夜的村头总有那么一些人聚在一起,摇着芭蕉扇,唠着家长里短,天南海北,再讲一些黄色笑话,人数比"轰趴"少一些。

你一回到家，只见儿子正在酣畅淋漓地打游戏，你探头瞄了一眼，又是一个打打杀杀的游戏。"怎么就没几个不'杀人'的游戏呢？"你嘟哝了一句就去迎接客人了。

客人陆陆续续地来了。这时你接到一个电话，是你和T的共同朋友打来的。朋友用最低沉的声音告诉你，T卧轨自杀了！与你午餐后，他刚回到家就撞见了他最不想见到的一幕——太太出轨了。你顿时特别蒙，斯人已逝，再也无法安慰T了。就你这心情，真不知道今天的"轰趴"该如何进行。T的太太本来是非常崇拜T的，她的物质生活也十分优越，孩子们也都很争气，出什么轨呀？！可是，查尔斯王子不也出轨吗？戴安娜王妃有金钱、有地位、有青春美貌，不也郁郁寡欢吗？是啊，但你心里还是有些恼恨T的太太。

定了定神，你决定不跟任何人提这事，就当什么都没有发生，也好让逝者免受惊扰。这时你又接了一个电话，是你朋友伟力打来的。伟力是三年前从福建偷渡来美国的，一直在中餐馆洗盘子，他成天乐呵呵的，脸上永远洋溢着孩子般的笑容。上个月，他刚刚还完了欠蛇头的债，你还帮伟力出了一点点力。他在电话里因特别高兴而哆哆嗦嗦地告诉你，他老婆在一小时前生了一个白白嫩嫩的女儿，

●● 第一章 疑惑 ●●●●

"轰趴"前,你接到了大营自杀的消息……

母女平安，他的开心难以言表。是啊，他已经四十好几了。这好消息真够及时的，你的心情也好了不少。

T自杀了，伟力的女儿诞生了，"轰趴"的客人来了上百人。

女客们无厘头地聊张家长李家短，号称理性的男人们边打得州扑克边看NBA实况转播。是乔丹带领的芝加哥公牛对纽约尼克斯，尼克斯是主场。因为大部分客人都住在纽约，你们当中大概有一半人是尼克斯的球迷，但乔丹就是乔丹，剩下的一半是公牛的球迷。你们打赌下注，指定一位乐意效劳的人为簿记兼经纪人兼"做市商"，边看球赛边买卖自己的赌注。这些球队跟你们没有任何实质的关系，球队的输赢像天上的云一样，你若不注意，它便不存在。你在想，平日的生活和工作中，我们这些臭男人经常揶揄女人的感性和无逻辑，自己却津津乐道NBA球队球员和比赛结果，为这些球队的输赢雀跃或沮丧，还要打德州扑克赌博，比对自己的孩子还上心。男人理性？马斯洛的需求理论都没有提到人有这样的需求。但自己作为男人，你还是要辩解一下，这可能不是男人们有心理缺陷，而是马斯洛需求理论的不彻底、不完整和不系统，是马斯洛不够懂我们人性。

打得州扑克和赌NBA球局的一共有十几人,最活跃的是Ted,其次就是Cathy、睿馨、James和小孙。睿馨和Cathy外表很柔和知性,但其实都是假小子。男人们和假小子们喜欢聊的甚至争论的都是毫无意义的大话题,你当然也喜欢。这或许就是"轰趴"的全部意义。有两位女性参与,气氛自然也就活跃了许多,只是有些笑话就只能闷在肚子里白白浪费了。

"你这个大男孩过来一起玩得州吧,电子游戏有什么好玩的?"你朝放电脑的书房吼了一嗓子。"是吗?得州、NBA与电子游戏不都是游戏吗?"你儿子的反问既对也错。当他还是婴儿时,使劲儿地拍桌子就是他的第一个游戏,他要听到声音,越大越好,大人越注意他就越起劲儿,拍到手红手痛。现在玩电子游戏,大都是"杀人"越多越好,获得的分数越高或闯关晋级越快就越起劲,有时甚至玩到低血糖。

你在想,其实这些都是游戏。如果按复杂性和被关注程度排列,可以有以下一些例子:狗捡高尔夫球,婴儿拍桌子,堆积木,玩电子游戏,开跑车炸街,打得州扑克,玩真人CS(模仿军队作战游戏),看奥运会和NBA等体育比赛,上班工作,进行商业管理,创业,参与政治和做官,发明创造，做慈善，著书立说，推动社会变革或参与革命，发动世界大战。对了，不是还有令人费解的极限运动吗？为什么宁可死也要出名呢？婴儿拍桌子和世界大战都是游戏，只是复杂性和受关注度不同罢了。所列这些都是游戏，都能让人兴奋，让人幸福，发明创造是，杀人如麻也是。不过，这么下结论或许是有点欠思考的，不知道那么多的哲学家和心理学家是怎么想的。你也知道，大家也如大卫和琳达一样总是争论不休，估计也没有什么大家都同意的结论。

最活跃的这几位客人好像智商都挺高的，名校毕业，Ted在华尔街做投资，Cathy在投资银行做人力资源管理，James在美国社交媒体大厂做IT工作，睿馨是个年轻女孩，听说是昨天才从国内到美国来散散心的，小孙从一所985大学研究生毕业后在国内做保险销售两年多，是个精明、个子小的人。

做IT工作的James先挑起话题，他的主要工作是防止Windows系统被病毒入侵。

"全世界每年在微软的Windows上耗费的防病毒费用大于微软的营收，几十年来，世界首富比尔·盖茨就是通过如此糟糕的产品肥了自己的，天理何在？！"做IT工作的人一般没有看法，一旦有了就是不随任何其他事物而改变的"硬编码"。

"微软是非常好的公司,一直在为股东赚钱。"做投资的Ted中规中矩地评论道。"假如没有微软,苹果的系统就会统治个人电脑系统,苹果一直都领先微软太多了。"睿馨年纪轻轻,还知道不少硅谷的历史。

James意犹未尽:"微软的创造发明在哪里?全是抄袭或收购!连最初的DOS都是买来的,简直了!"

"盖茨把所有的财富都捐出来做慈善了!拯救了很多人,特别是非洲的儿童。"做人力资源管理的Cathy从社会的角度看微软,说的也对。

所有人都有立场,且坚定。而对立场,你也有你的立场:立场,即伫立之处,站在固定的地方看世界,见云卷云舒,却也限制了我们的视野,让我们犹如"井底之蛙"。不想跳出井底,就是因为有立场,且坚定。如果是无能为力,跳不出来,那就是最高级的青蛙了。你的内心说:"希望上天赐给我一个长梯,我就可以随时从我的井底爬出,一直爬到天上,看宇宙的全部,再回到井底,把我看到的一切告诉我的同人,哪怕被他们鞭打!"也不知道你这是哪来的满满的鄙视欲。

Cathy看不过去,突如其来地转移了话题。

"James,听说你大儿子在MIT(麻省理工学院)读书?好厉害呀!"

"他刚开始读博士,研究机器翻译,回家天天唠叨什么乔姆斯基的语言学,每天都压力大得要死,焦虑极了,有什么好?!"

James刻意掩盖了得意,却又让众人体会到了他的刻意。

"听说你乡党的儿子也在MIT?读本科?"

这个问题让James更得意了:"别说了,我那老弟为了他儿子的学业都患上失眠症了,除了吃安眠药,也好像没有什么别的好办法。他儿子读了三年,辍学了,说功课压力太大,现在天天待在家里,无所事事,疯疯癫癫的。夫妻之间也因为儿子闹得不可开交,就差离婚了。他儿子小时候是一个特别乖的小孩,特别听话,特别善良,更是特别用功,不玩游戏。我那老弟要求特别严,也特别以他为傲。"

"James,我发现你特别喜欢用'特别'。"Cathy是不太喜欢James的。Cathy有两个孩子,大女儿毕业于一所很一般的州立大学的历史系,没几个学历史的人能找到高薪的工作,能养活自己似乎就是最好的结果。小儿子名叫

Jonathan,在社区学院里学烹饪,今年毕业。Jonathan小时候很可爱,喜欢和其他的小朋友玩过家家,后来又喜欢历史和科幻,还喜欢涂鸦、漆弹,以及街舞,再后来就是对电子游戏极度上瘾,甚至会玩到因为不吃饭而低血糖晕倒。现在他长大了,游戏玩得很少了,聊起烹饪来脸上笑开了花似的,最近还获得了毕业作品比赛的大奖。

"我家儿子从小特别不听话,特别喜欢玩游戏,学习成绩也特别不好。现在却特别阳光,每天给我们做特别好吃的饭菜,还特别细心体贴。你看,他爷爷九十多了,他每天都把电饭煲里的米和水放好,让爷爷按开关启动煲饭程序,爷爷每天乐呵呵地问全家人:'今天的饭是不是特别香,特别好吃?'"

Cathy模仿起了James的"特别"用法。

Cathy的儿子把人性理解得很极致,他的善良也体现得很到位。

"爷爷一定特别爱他吧?"你随即问了一句。

"甭提了。爷爷把他当小孩,自己生的'小小孩',他把爷爷也当小孩,情绪和生活上都需要呵护的'老小孩',两人互相都是对方幸福的源泉。"

你突然想起了一句经典台词,便说道:"《红磨坊》有一句经典台词:'一生中你能学到的最伟大的事情就是爱和作为回报的被爱。'Cathy的儿子和他的爷爷应该就是人生最美好的示范。"

记得你我之前聊起过,爱与被爱是多么幸福的一件事!但你还是隐约觉得爱也是痛苦最大的来源,比如大卫·刘。难怪德国诗人海涅说:"心里有爱,就会被弄得半死不活。"法国作家拉罗什福科在《道德箴言录》里也写道:"当我们根据爱的主要效果来判断爱时,它更像是恨而不是爱。"

既然聊到孩子,做投资的Ted也不甘寂寞:"真好!我儿子都20岁了,天天迷恋着跑酷,还喜欢玩各种极限运动,让人提心吊胆的。"Ted边说边在牌桌上做了一个All In(不惜一切)的手势,其父其子,都是作死的主。

也不知道Ted是夸自己的儿子,还是夸Cathy的儿子,反正Cathy多少也有点不好意思,毕竟是做人力资源管理的,Cathy又一次自然地转移了话题。

"睿馨,还在倒时差吧?是不是觉得美国到处都破破烂烂的呀?"

"还好吧,来之前把这块期望值调得很低,反倒因此在纽约夏天里看到了春意盎然,听到了鸟语,闻到了花香,也体会到了这里朋友的热情,同时也感受到其实人在哪里也都是大同小异的,都有不少天赐的欢乐、自寻的酸甜苦辣、幸福华丽的外表和一碰即碎的内心。"睿馨感受到了牌桌上欢快的交谈中弥漫的装腔,也就胡乱地抓了一些词,至少显得自己是云淡风轻的。她要是知道你今天遇到的所有事情,估计要重新搜肠刮肚找些词来安慰你了。

"是吗?"

"是呀,你看,打得州,看NBA,拼学校,玩游戏,望子成龙,还有关心与谁都无关的世界大事,每个人的内心也都有些隐隐约约的无奈和焦虑,这种聚会也的确能为焦虑找到暂时的输出口。但中美也有很不一样的地方。"

"说来听听?"

"在国内,焦虑的内容更五花八门一些。比如,大龄未婚焦虑、社交焦虑、KPI(关键绩效指标)焦虑、住房焦虑、身材焦虑、油腻焦虑、发际线焦虑、考试焦虑、朋友圈焦虑、睡眠焦虑、就业焦虑、财富焦虑、容貌焦虑……嗨,整个一焦虑的汪洋大海。"

"你说的这些焦虑在哪个地方、哪个国家都有的。可能大龄未婚焦虑、住房焦虑、考试焦虑和财富焦虑在美国没有那么明显,其他的轻重不一而已。"

"哎,该你叫牌了。"睿馨显然不想再说这些烦心事,自己本来就是失恋后来美国散心的。

小孙一直不说话,突然气哼哼地冒出来了一大串话:"反正我们年轻人天天都被压得喘不过气来,我读了那么多年书,现在卖保险,KPI快逼死我了,完不成KPI,连卖保险工作都没有了,没有了票子,就别说房子、车子、妻子和孩子了,每天都感到孤独无助,那些告诉我们享受孤独的哲学家都不是什么好东西,感觉青春就像是痛苦地等死,我公司里的一个小伙伴去年就自杀了,我们都懂他!"

你一下子没忍住:"我的一个好朋友今天卧轨了!"

"啊?!……What?!……咋回事?"

你真蠢,打扰了T,也坏了大家的兴致。你摇摇头,没再说话,也怕自己失态。

大家都张大嘴、瞪大眼,屋子里一下子安静了下来。

"看球吧,挺精彩的。"你企图自己给自己解围。

十几分钟过去了,大家慢慢地缓过气来,随便扯了些民主党与共和党之类的话题,就继续看NBA、打牌、赌球。估计除了你,大家都很快以同样的心态跨过了这个小坎。

"你们相信命运吗?"你显然放不过自己,还在想T和小孙公司里的那个小伙伴自杀的糟心事,总觉得凄凄惨惨的，心里好像有一个重重的秤砣，好想把它丢出去。

赌性最强的Ted不假思索："我相信命运，我只相信命运！"

"哦，那我们所有的选择、决策和努力都完全没有意义了？我坚信我们是可以掌握自己命运、改变自己命运的。"James很坚定。

你不自觉地朝James翻了翻白眼，心想："你这小子太顺了，等着吧，等命运来给你罪受。"但又想，有的人就是可以顺一辈子的。

"如果自己能掌握和改变命运，那还叫命运吗？！"Ted在投资领域一定有不少头破血流的事迹。

Cathy阅人无数，每天都看很多简历，轻描淡写地丢了一句："性格决定命运。"

你的人生经历过一些跌宕起伏，虽不抱怨命运的不公，但若归于性格，你很不爽。"真的吗？作为一个普通人，如果出生在极度贫困的国家，集智慧和完美性格于一身的人抱怨说，'不管我多努力，我最多只能过上温饱的生活，庸碌一生'。而出生在瑞士，智商平庸且性格最多是一般的人离开世界时得意扬扬地说，'我度过了健康快乐的一生'。请问，性格何以决定命运？大凡如是说的人，恐怕都是命运眷顾了他们,他们就借故自豪地把这份眷顾归于自己的性格了。"你很激动,但最终,你还是按住了想要爆发的冲动,心里的那个秤砣好像又重了一些。

睿馨接过了你的话茬:"我看了一本叫《性格决定命运》的书之后,曾经对这番话信以为真。是我前男友活生生地让我认识到了,其实更多的是'命运决定性格',而不是'性格决定命运'。你比较一下弱智与天才性格中的自信部分,'命运决定性格'也就不证自明了。"

你第一次认真地看了看睿馨,心跳莫名其妙快了起来,心中的秤砣也轻了很多。你不好意思地把目光转向了电视机。

James也不再那么坚定了,但还想挣扎一下,"哎,若是这样,难道我们就只能躺平等待命运的安排吗?不是吧!我坚持认为每个个体的思考、选择和行动必然会影响其人生,也会影响世界"。

是睿馨,对,是这个有两个酒窝又知性的女孩,迅速地调动了你的情绪、思考和语言组织能力。

你不慌不忙、稳妥又不容置疑地总结起来:"我以为,你们说的都很好。命运定义了我们的选择空间,在这个空间里,我们的选择是有意义、有结果的。选择当然也包括我们在认识到各种性格带来的不同结果后,刻意地改变自己的性格。但是，认知能力和性格的先天部分也都是命运给的。在一生的时间里，我们的选择空间还会演变，甚至剧烈突变。我们可以有所作为，但只能被框在随时间而变化的选择空间里行事，只能在命运作弄之下做选择。思考整个宇宙在渐冻症患者霍金的选择空间里，碌碌无为地度过一生也在。发动世界大战在希特勒的选择空间里，做一个艺术家或诗人也在他的选择空间里。

我们所有活在这个世界上的人都有自己随时间而变动的选择空间，这就叫命运。我们都应该感谢命运。让我们从自己的选择空间里，做最智慧的选择，在每一天起舞，让此生绚烂。"

说完了，你不自觉地半仰着头瞥了睿馨一眼，确认了她会说话的酒窝和仰视的微笑。心中的秤砣也不知道去哪儿了。这酒窝该不会是用来装能让你心醉的酒的吧？

Ted下意识地察觉到了你和睿馨之间的小微妙："思想家呀！的确很有见地。但别忘了，犹太人有一句格言，'人类一思考，上帝就发笑'。"

"我尊重所有信仰，更羡慕虔诚的教徒们。神爱他们，他们爱神。爱让他们温和中有力量，谦卑中有自信。多好呀！"说这话，你多多少少是考虑到客人中有不少是基督教徒。但睿馨应该不是。

你呢,因为找不到充足的证据证明神的存在,也找不到足够的理由相信神不存在,所以,你既不是有神论者,也不是无神论者。

你的大脑还在高速地运转,考虑到睿馨不是教徒,你反驳了Ted:"《圣经》是犹太人写的,他们当然那样想。尼采说:'上帝只是对我们发出一道粗暴的禁令:你们不要思考。'尼采还说了,'上帝唯一可以原谅的地方就是,他并不存在'。"其实,你多少也有点口是心非的。

睿馨心不在焉地看了看自己的牌,装着懒散不经意的样子,朝你竖了竖大拇指。

大家就这么时而认真、时而轻松、时而情绪激动、时而轻描淡写地聊着。

言谈之间,不时地掺杂着你们的欢笑,或是因为乔丹漂亮的换手上篮,或是因为某人手握AA却输得很惨的一副牌。球赛终于结束了,你为尼克斯加时输掉比赛而叹息,不少人却因公牛获胜而兴奋。当然,这与巴西人夺得世界杯时的全民狂欢相差十万八千里。为什么人类这样一个智商如此高的物种会看起来像动物园里一群嗷嗷乱叫的猴子?你满心疑惑地看着狂热的大家,想着自己也是其中一员的窘相,又在心里默默地对T叨叨了几句:"活着多好呀!最痛苦的也莫过于那些健康出了大问题的人,多少渐冻症患者如霍金和癌症患者如乔布斯不都没有自己结束自己的生命吗?相比之下,你那点事算什么!"

既然是第一次买彩票,你还是把电视转到了开奖频道,所有人都开始揶揄你、鄙视你,那么理性的人还买强力球。第一个数字对了,你不以为然;第二个数字对了,你开始集中注意力;第三个数字对了,所有的人都直愣愣地看着电视机;第四个数字也对了!中大奖的六位数已经对了四位,人们下意识地以为这已经是75%的概率了,于是你们一起屏住呼吸。如果六个数字都对了,那是10亿美元的大奖!还好第五个数字和第六个数字都不对,否则的话,天晓得会怎样。鄙视你的人也为你叹息,你感觉那叹息声怎么听都像是松了一口气的意思,并不是真的惋惜。

被彩票开奖折腾这么一小下,时间也有点晚了,大家都陆陆续续地散了。

客人都走了,随着喧闹声的消失,屋子里阿姨收拾残局的声音显得格外清晰。你儿子偶尔传来"杀人"后的兴奋叫喊,还有不紧不慢的Kenny G.的萨克斯声。你一人独坐在屋里发呆:"哎呀,怎么也没跟睿馨打个招呼,轻轻地说声 Bye Bye 呢?"

阿姨很快把屋子收拾整洁了,你也慢慢地收拾起自己这一天的纷繁思绪,你在困惑中还是把今天发生的事情捋了一捋,顺手写下了一连串的问题:

1. 排队15分钟买到咖啡很郁闷,排队30分钟冻成狗才买到咖啡却倍感幸福。如何解释"咖啡悖论"?

2. 婴儿拍桌子本应毫无意义,为什么要使劲拍?电子游戏分明是虚拟的,还非得"杀人"?使劲拍桌子手不痛吗?!"杀人"那么邪恶能给人带来快乐?!

3. 有些人在商业领域里表现出强烈的竞争性,同时也在全球范围内进行慈善捐赠。还有一些人则采取极端行为,如历史上的独裁者。而这些行为却都看似能让他们心安理得地幸福着。

4. 婚前相爱,婚后相厌,遑论幸福,且大都如此。

5. 人们厌恶风险,耿耿于怀于过往的不幸,担心未来的不确定性。为此,焦虑成了常态。可追逐风险、不确定性的赌博却给人们带来快乐。

6. 体育比赛本应该与我们的人生无关,却给我们带来意想不到的快乐和莫名其妙的疯狂。

7．有更好工作的门卫感到度日如年，辛苦且低工资的汽车修理工却更幸福。

8．华尔街白领T是出类拔萃的，又很富有，却痛苦得难以忍受，自杀了。偷渡客伟力已经四十好几了，才还完债，却幸福得不能自已。

9．别人做老板都OK，但跟自己一起进公司的同资历的同事做自己的老板，就会让人非常焦虑和不适。

10．发明创造和"杀人如麻"都是能让人们幸福的"游戏"吗？为什么？

11．读社区学院都让人感到那么幸福，读MIT为什么不能带来更多幸福感？

12．理性和感性到底是什么？喜欢赌博，为体育比赛疯狂，喜欢在电子游戏中"杀人"的男人们比女人们更理性吗？

13．T和我为什么要做无聊的心算来让人佩服我们？

14．T为什么要和我交朋友，就因为我们都是亚洲人种？

15．为什么会有"彩票诅咒"？

16．Cathy的儿子幸福吗？为什么Cathy的儿子给爷爷留电饭煲开关任务能给爷爷带来快乐？

17．信仰是什么？爱是什么？爱与幸福是什么关系？

18．戴安娜王妃几乎有女人们羡慕的一切，金钱、地位、美貌……为什么会郁郁寡欢？

19．极限运动的动机是什么？为什么又只有少数人喜欢？

20．玩得州扑克、看NBA、赌球让人们热血沸腾，马斯洛的需求理论无法解释这些现象，是人们的堕落，还是马斯洛需求理论的不彻底、不完整或不系统？

21．人们真能享受孤独吗？

22．现代社会，丰衣足食的人们为什么有那么多五花八门的焦虑？严重的焦虑会导致自杀吗？这与社会上的他杀比例有关联吗？

一连串的问题，但没有为什么睿馨的酒窝会说话，还会"装酒"。

一下子回答不了这些疑惑。但你想，生命的每一天都是由这些莫名其妙的悖论编织而成的，它们既是让人们焦虑、灵魂无处安放的原因，又可能是人们的幸福来源，是人们生命意义的全部。人们当然可以一个一个地从现象本身出发去分析,也可以从心理学、神经科学、精神病学等角度去理解。但其实,这些看似相互无关的林林总总的奇特现象背后不都是人类自身吗?这些现象的背后是否存在着跟人类物种紧密相关的共同原因?一定是,它们都跟人性[1]有关!

你还想,或许有什么第一性的底层原理能让这些现象背后共同的原因现身?或许关于人的底层原理也能轻松地解开这22个疑惑。有不少优秀的著作论述人性的优点、人性的弱点、人性的善和人性的恶,但最根本的不应该就是人性的原点吗?一定是原点滋生出这些优点、弱点、善和恶的。如果真如此,人们就能从原点出发,顺藤摸瓜,轻松找到获得幸福的办法了。"不可能。就算有,我这么一个普普通通的聪明人,轮不到我想清楚这么宏大且有用的问题。"你想起了你那研究心理学和哲学的朋友张不慧。

一想到明天是周日,你可以好好问问不慧,于是你把这22个疑惑装进潜意识,踏踏实实地睡了。

---

1. 本书中所指的"人性"并非严格哲学意义上的"人性",而是汉语中常识意义上的"人性"。"幸福""快乐""演绎""归纳""善""恶"也都如此。

第二章
原理

// 只有第一性原理才配叫原理

● 张不慧,你我的共同朋友,还是我介绍你们认识的。你我没有能力判断不慧算不算天才,但至少他是个奇人,他经历过人生的各种劫难,曾饥饿贫穷,潦倒街头,甚至几次历经生死考验,也曾飞黄腾达。比如,他马拉松跑进三小时的那一年,投资比特币赚到的几亿资产被交易所全部骗光了。

他比你更喜欢思考和辩论。因为他绝对信奉第一性原理,所以从不把任何古今中外大家的思想当作绝对真理,却总是像古希腊先贤那样敢于质疑一切。他大学学的是历史,但据他说,他涉足的领域有哲学、心理学、精神病学、神经科学、文学和音乐。他生性好赌,爱女色,喜音乐,很真实,视低调为虚伪和狡诈,视高调为幼稚和居心叵测,独处时深得其乐,遇知己便把酒言欢。你对他很崇拜,也

●●●● **治愈力：从幸福原点出发** ●●

在海边把酒言欢

有少许因嫉妒而产生的怀疑,借他解惑和与他辩论是你经常找他长谈的主要原因。

"不慧,今天我可以用你多少时间?"你试探地问道。

他听到后决意把酒言欢:"带上午餐、德国啤酒和苏格兰威士忌,我们一起去海边?"

"疯子!这么冷的天!"你出门前,把自己裹得严严实实的。

海边倒是阳光灿烂的,也没有什么风,天气居然温暖了好多。可能因为是海边,也可能是啤酒和威士忌,他出奇地有耐心,竟然听完了你一天的故事和22个疑惑,特别是你对马斯洛需求理论的质疑。

"真难得,你有心想这些哲学问题,还敢质疑马斯洛!看样子,生活对你还是慈爱的。"他好像总是站得比你高一点点。

"我这22个疑惑可不是什么高大上的哲学问题,都是关于人生幸福的疑惑。我想它们更多地是心理学的问题,可我崇拜的大师马斯洛却帮不了我,只能请教你张不慧大师了。"

他既听到了你对他的小小嘲弄,更听到了你对他思想的尊重。他呷了一口啤酒,先是深思起来,接着,紧锁的眉头慢慢地松弛开来，慢吞吞地说："我听到的不是22个疑惑，而只有两个问题。"

"哦？！"你就爱他这样的风格，你知道他的慢吞吞意味着他已经准备好了一整套的无可反驳的思考和答案。

"第一个问题是马斯洛错在哪里了。第二个问题是千年难题，即我们是谁，人生的意义是什么。还是先说马斯洛吧。"

"人生的意义吗？我的确想过。在我看来人生是有意义的。我敢质疑马斯洛是不是有点太把自己当回事了？"你很坦诚，清楚地知道自己只是一个普通的聪明人，话语之间，思路有点不顺。

"你还挺胆大，一个非心理学专业的人竟然质疑起了马斯洛？！我研读心理学多年，大多数心理学的研究都是从现象观察和统计实证的角度去分析心理学现象和人的行为，归纳出一些比较确定的科学结论。虽然马斯洛也是从诸多现象和行为入手，但他结合人性更基本的底层逻辑，总结出分层次的心理需求，恰当地引进了一部分主观推理并且建立了一个非常好也非常不一样的框架，贡献卓著，影响深远。"

"有道理，到底是大师解释大师！可是，马斯洛的理论在解释艺术、体育、游戏时遇到了无力感，他把这些人类的行为说成'非动机行为''表达性行为'，甚至用了'堕落'来描述部分行为，而这一类行为在古希腊之前就存在，在现代社会里占人类行为的比重更是日益增大。一个解释不了人类大量行为的理论框架有什么用？"你显然不同意他对马斯洛的评价。

他说："我还真想过这些，这与更大的哲学问题有关系了，也就是我们是谁，以及生命的意义是什么。只有从最底层的逻辑明白了人，定义了人，才有机会理解人性，理解人生的意义，对吧？"

你强调道："不光是赌博发展成了博彩行业，电子游戏发展成了电竞行业，就连买卖彩票也是政府行为，一些电子游戏中充满了暴力和杀戮元素，但有人却喜欢这样的游戏，这一定有其人性基础，只是马斯洛和我们都未洞悉而已。"

"要不先把马斯洛放一放，让我们先讨论更大的问题，我保证回过头来给你一个满意的答案。我不光想讨论人生是否有意义，有什么意义，还想找到让人生更有意义的办法，并且是所有办法！怎么样？"不慧得意的眼神让你更崇拜他了，他可能真要放大招了。装满你内心的22个疑惑使你将信将疑地期待着。

他一仰脖子,喝了半杯威士忌。你知道他的酒量非常有限,感觉他是在刻意把自己变成微醺状态,这或许是他在为长篇大论做精神准备吧。

海面上吹来一阵微风,你只觉得,体外凉凉的空气和腹中暖暖的酒精正在搓揉出一种即将喷发出来的力量,让你感到无比激动。

"该我问你一些问题了。每个个体来到这个世界上是偶然的还是必然的?"

你思索起来:"好像应该是偶然的,可是,我又不太愿意相信我的生命仅仅是偶然存在,概率非常小?无穷小?我是如此渺小吗?"

"让我先告诉你结论吧,我们每个人的诞生纯属偶然。"

你带着很高的预期,开始全神贯注地听。你知道,他的长篇大论通常都是不带停顿的,既严密又流畅,抑扬顿挫。

"既然纯属偶然,无论此生如何度过,我们每个生灵都是非常幸运的。或许你想辩驳,因为你生命中遇到了各种不顺和焦虑,比如失恋、失眠、失败、失学、身体的病痛、破产,乃至饥饿和生活无以为继,有的人重则天生抑郁、苦难不断、身体残障，轻则减肥困难、容貌焦虑、被族群歧视，当然还有可能经历战争和瘟疫。

"但是，把这些所谓坏运气统统加在一起，我们每个人仍然是极其幸运的存在。是的，我非常肯定！生命来自完全的偶然。假如历史稍有一点点极其微小到与你毫不相关的不同，你便不会来到这个世界上了，连焦虑的机会都没有！尼采说：'一个人知道自己为什么而活，就可以忍受任何一种生活。'既然我们来到这个世界纯属偶然，那么生命的每一天都是值得庆祝的，忍受任何一种生活也都是幸福的。尼采又比较彻底地说了：'每一个不曾起舞的日子，都是对生命的辜负。'

"你可以找到成千上万的理由说明一定没有你，却找不到任何一个理由说明一定有你。

"唯一能推翻以上结论的就是决定论，即哪怕多么细小的事情都有确定性的因果关系，是天注定的。我不信决定论。倘若决定论是真理，人生的意义也就特别简单了：彻底没有意义，因为未来的一切都是上天已经决定了的，自由意志被废了。

"说穿了，人生也是如此：你拥有了来到人世间这个最大的幸运，相比较而言，剩下的都是没那么重要的选择和努力，以及随之而来的喜怒哀乐。

"是的，你的诞生纯属偶然！"

"好刺激的分析！"你听得很入神，突然感觉到一种轻松和释然，连命都是捡来的，生命中哪还有什么好紧张、好担心的，因此，这些似乎也失去了意义。

"难怪佛说修行的第一步就是谢天谢地，因为天地让你来到世上！可是，又总觉得不是那么回事。一想到生命纯属偶然，你不由得心生出奇奇怪怪的感觉。"你附和道。

"这是我定义的关于人和人性的第一个确定的道理，公理1：诞生是偶然。"

你不喜欢"公理"二字，更不明白这个学历史的不慧怎么用上了这个没有一点灵气的字眼，但你意识到或许一个惊世骇俗的思想正在诞生。

"有了坚实的公理，就有了推理的基石，就可能建立一个庞大的体系，就可能解决所有问题！是这样吗？"你是一个优秀的学生，一半是延续导师的思路，一半是与导师在思想上同步一下，"证实"一下目前你是听懂了的。

你不禁感到一丝寒冷，身体有点颤抖，其实是兴奋。

"一共几条？你应该知道，公理越多，你的思想大厦就越脆弱，越容易坍塌。"你真的不是挑衅，这只是兴奋与期盼中的一丢丢担心。你知道,公理虽然表面上很绝对,但多少是有一定的假设在里边的,如果假设多了,推理就没有意义了。

这时的他完全进入了微醺加轻狂得意的状态。"哈哈,一共两条。还担心吗?"

酒精的作用下,他的言辞也变得没那么理论化和刻板了,甚至有点文学的味道了。"第二条公理是会把每个人都吓尿的。你看,我们每个人每天都有不少人生的无奈和苟且,偶尔也会驻足叹息。许多大大小小的幸运和灾难不期而至,各种形形色色的偶然伴随着每分每秒的焦虑,改变着我们命运的轨迹。

"然而,我们每天乃至每分每秒都在走向未来,走向远方。不用担心或怀疑,远方就在那里,一个我们所有人万命归一的远方,正静静地等待着我们每一个人:每一个伟大又有趣的生灵,每一个渺小脆弱的蝼蚁,每一个成就大业的幸运者,每一个碌碌无为的饮食男女,每一个高尚温良的绅士,每一个卑鄙无耻的小人,每一个体魄康健的完整躯体,每一个四肢不全或器官不同于他人的特别生命。"

这段排比伴随着海边的浪花、击岸的声响,是景色、是思想、是画卷、是交响乐。

他站了起来,缓慢地指向大海的那边,高声地对大海喊道:

"死亡就是必然的远方!"

也不知道这是悲哀的呐喊,还是兴奋的吼叫。他停顿了一下,缓了缓气,又开始轻声细语起来。

"那也是我们人生唯一确定的远方,是一个我们完全不想靠近,却又一直不紧不慢、不作停歇地朝它而去的远方,一个完全不知何时抵达的远方。

"自古以来,我们想了很多法子,未来还会一直想法子:想法子预测那个远方,想法子推迟那个远方,想法子绕过那个远方,想法子去掉那个远方。

"基督说认识基督便是永生,佛陀视永生为一种境界。道家则现实一点,追求长生。但最具现实意义的可能还是传宗接代、青史留名、创造奇迹和留下思想。不过这些也都是间接且有限的,只能算是'间接长生'吧。现代前沿技术企图让碳基的意识在硅基的载体(未来也或许有其他载体)中永生,估计人生的远方不会搭理这些,只会一如既往,静静地在那儿张开双臂,等待着亿万生灵投怀送抱。

"不管生命的意义是什么,我敢断言,正是那个必然会到达的远方,让生命彰显出其绝无仅有的强大和无与伦比的绚烂!

"这就是关于人的第二个绝对真理,即公理2:死亡是必然。"

你边惊叹地摇头边发自内心地重重地给他鼓掌:"一想到死亡是必然的远方,就感到沉重,因为谁也不想去那里,也感到释然,因为再也不担心任何事情的结果了。去它的吧,反正你的大厦已经在你心中了!"

"是的。这两条公理就定义了我们是谁。我们是纯属意外地来到这个世界上,存在一小段时间,又必然会消失的碳基生命。我的大厦就是'生命的意义',裙楼就是'让生命更有意义的所有办法'。"他那放荡不羁的性格在今天格外收敛。

"别忘了马斯洛!"你觉得自己像一个要糖吃的小孩。

"我这整个大厦就像是一个巨大的糖果店,不缺你那一小块糖。"他蔑视地看透了你在想什么。

"你是苏格拉底转世?!"生之偶然和死之必然,加上22个疑惑和对马斯洛理论的困惑,你有点烦躁。

生命的意义

"生命有意义吗？或许，生命的意义就是寻求生命的意义。"他以哲学家的口吻开篇。

"不才以为，生命的意义完全来自意识对意识本身终将消失的不接受、抗拒和恐惧。"你想，哲学不就是不管多晦涩和绕口，一定要把道理说得精确点吗！谁不会呀？

但他没理你，完全不受你的情绪的影响，沉浸在他的心流之中。

"生命始于偶然，终于必然。始终之间，白驹过隙；天地之内，人如微尘。我们总是追问：生命还有意义吗？莫名其妙来，凄凄惨惨走，百十年的匆匆过客，何意之有？若无意义，又哪来担心，哪来焦虑，哪来叹息，哪来沮丧，哪来失望，哪来后悔，哪来梦魇，哪来痛苦，哪来争斗，哪来仇恨，哪来战争？何不潇潇洒洒，痛痛快快，容天下难容之事，笑世上可笑之人？

"如果我们相信宿命论或决定论，凡事信天，那也非常简单，听天由命，不需要为生命思考、做选择或行动，佛系躺平、随心所欲、胡作非为或麻木等死，皆可！其实，我们相信生命是有意义的。如你所说，我们有独立存在的意识。独立的意识意味着思考能力、选择能力和行动能力。独立的意识还意味着它对其自身的必然消失的无奈和恐惧。

"实际上，生命有着它唯一的至高无上的目的和意义：幸福最大化[1]。这便是其意义。终其一生，我们生命的意义就是追求幸福，也就是寻求生命的意义。"

他的推导是那么简短，那么不容置疑。你也只能顺着他的思路："幸福我们都懂，我们也都向往。可是……？"

"嗯，你想知道确切地说幸福是什么，如何最大化地获得，对吧？"

"请苏格拉底继续！"你的酸味没退。

"幸福是大脑感知到积极情绪的一种状态，幸福生活就是大脑在较长时间内，积极情绪总值远大过消极情绪总值的生活。也就是大部分时间是开心的那种生活。我们的大脑从身体和环境中接收各种信息，大脑处理这些信息之后产生了不同的状态，叫'幸福''快乐''平和'或'痛苦''恐惧''焦虑'。而大脑处理信息的算法则是在人类进化过程中不断学习演变而成的，这个算法我们称之为'感性'。我们的理性逻辑有一定能力对事物的原理，包括它们

---

[1]. 这符合快乐主义的幸福定义，也基本上符合常识。但按照亚里士多德的说法，很好地发挥理性的功能才是幸福。

自身的构成进行思考和推演，对既定算法进行有限的修改和最优的管理，进而直接影响结果。在此，我们不赘言积极或消极情绪的生化原理，只是分析这个幸福算法的基本结构，以及理性上有什么办法对感性进行修改和优化，从而达到幸福最大化。"

这有点烧脑，你让他重说了一遍。虽然你不愿承认自己跟不上他的论述，但你的确有点累了，想稍事休息。

"这也太精彩了！我先打个电话，然后咱们继续？"你说着拨通了琳达的电话："Hey，琳达，大卫今天还好吧？"

"他一早就不知道去哪里了，我也联系不上他，问了几个朋友也都没有消息。"

"有什么其他异常吗？"

"他把书桌和衣柜整理得前所未有地干净，好像还带走了一些换洗衣服。"

有了昨天T卧轨的先例，你不敢多想，但整理书桌和衣物的行为让你宽心了不少。

给琳达打完电话后，你喝了几口酒，吃了几片萨拉米香肠。总觉得还有什么事情想做。

你鬼使神差地给睿馨拨通了电话，一个"Hello"清楚地传递了她睡眼惺忪的状态。你结结巴巴地问候了她几句就匆忙地挂了电话。她就是一个你刚认识的小女孩,也不知道你慌乱个什么劲儿。

几秒钟后,你回到了与不慧的对话,问道:"那就是说……你是说,我们需要通过对原理的挖掘,不断地用原理扬感性之长,补感性之短,在不需要多少努力的情况下自由地呼吸幸福,让人生更有意义,让每日起舞,终生无憾?"

"呼吸幸福?嗯,有点意思。"

"是啊!我是这么想的,没有了痛苦和焦虑,剩下的便是幸福!如果你把过去的一切不好视为体验:失恋了,体验而已;失败了,体验而已;失学了,体验而已……不要积存昨天的痛苦,更不要预支明天的烦恼。幸福如空气,自由地呼吸吧。人们相当一部分的痛苦和焦虑,要不就是从无法改变的过去中找的,要不就是从还未发生的未来中找的,这不就是硬是憋着不呼吸幸福的自由空气吗?两口气不能憋,不能为过往的不幸或错误憋气,也不要为对未来的担心憋气,唯一要做的就是关爱今天的自己并为未来的自己尽心尽力地做点什么。"你对幸福有你自己的独特思考,也挺哲学的。

你又想,其实这段话用来安慰失恋的睿馨还挺合适的。

说到这里,你也得意起来,词句也顺了不少:"不管人生是什么,我们都把它娇养成这样:从昨天的记忆中捡拾心花怒放,用今天的分秒绽放喜气洋洋,向明天的日子预支希望与梦想,让偶得的人生充满欣喜若狂。"

他露出了一半欣赏一半诡异的微笑,既没有与你共鸣,也没有反驳你,而是迟疑了十几秒:"作诗的人多半是恋爱了或是快恋爱了。"吓了你一跳,你觉得自己并没有任何越雷池半步的想法。

幸福原点论

他继续道:"既然生命始于偶然,终于必然,过程长度又非常有限,那么生命最重要最根本的特征就是对其存在的珍惜和对死亡的恐惧。我们全身数十万亿个细胞所携带的基因,终其一生只有一个终极目的,那就是复制生命。我们全身数十万亿个细胞每时每刻的集体欲望就是让自己必然短暂的存在变得宏大且强盛。因此,我们的基因不仅希望自己健康久远地存在,更希望自己是一个'大而强'的存在。我们只有有限的生命,却要对生命的有限性采取行动,因此,我们得赶快行动;我们只有有限的能力,却要对生命的有限性进行放大,因此,我们会尽力放到最大。这主要包括两个重要方面，其一是发掘让生存变得容易的各种因素，其二是不断扩张、放大生命的存在并得到证实。换句话说，'生存'加'扩张'就是人类幸福的原点。"

看样子他是蓄谋已久，表述起来如此言简意赅。你在想，我们与生俱来的对优秀异性的欲望应该就是因为基因想最好最多地复制自己。你的基因喜欢酒窝。

他完全沉浸在自己的推理世界里："我前面说的'原点'之'生存'。地球美丽可爱，生存环境可谓神奇，但亿万年来，任何物种的生存都一直面临各种挑战。人类在物竞天择的缝隙间爬到了食物链的顶端——这依靠我们的智商，更靠我们的残暴。在我们的基因中，'生存'一直是人类行为的第一驱动力和重要的幸福来源。比如，石头砸到脚时危及'生存'，于是身体产生的疼痛信号让我们不爽；再比如食物是'生存'的必需品，于是，我们因馋嘴而享受美食。理所当然的，健康和温饱也就成了幸福的重要条件。

"幸福'原点'中的'生存'部分也有两个基本的分支维度：健康和生计。

"这里的'生存'接近于'生计'。实际上，文明进步而带来的欲望值的提高影响了'生存'条件，如赫拉利在他的《人类简史》一书中所论述的,现代人使用的一切物品都是奢侈品(与早期人类相比)。古代再牛的大人物,即便大诗人苏东坡也得用木片(厕筹)、树叶或麦秆解决个人如厕清洁问题。'生存'条件是否给你带来幸福或焦虑基本上依赖于你的欲望值以及其他人(你的比较对象)的'生存'情况。"

不慧今天还真是惜字如金。

你们坐在海边高起的小山坡上,望着大海的波光粼粼,编织着严丝合缝的大逻辑、大道理,这个小小的世界已经妥妥地装进了你们的心里。

他完全没有停下来的意思。

"再来看幸福'原点'之'扩张'。人类进化过程中最大的事情不是火的发现,不是轮子的发明,更不是农业革命、工业革命或信息革命,而是对协同效应有了认知。因为认识到了协同效应,人们开始思考和创造各种合作,于是有了以合作为本质的所谓文明。漫长的文明过程让人类的大脑不断地修改'幸福算法'。随着文明进步对人类总体'生存'能力的提高,'幸福算法'在逐渐减少'生存'因素之权重的同时,增加了原点中'扩张'因素的权重。而'扩张'的结果就是变'大',但大小是个相对概念,必须通过'比较'和对比较结果的'证实'才能知道究竟多大多小。

"'扩张'可以是物理（现实）的，也可以是信息（虚拟）的，'证实'可以是物理（现实）的，也可以是信息（虚拟）的，只要大脑'相信'就行。这就有了四种可能的组合：

"（1）物理（现实）世界对'扩张'的物理（现实）的'证实'，比如你把很多人都修不好的机器修好了，获得了丰厚的报酬；

"（2）物理（现实）世界对'扩张'的信息（虚拟）的'证实'，比如你最喜欢的球队获得了冠军或中国在奥运会上拿到了金牌榜第一；

"（3）信息（虚拟）世界对'扩张'的物理（现实）的'证实'，比如你在游戏里干掉了一万个僵尸，而因此获得了电竞比赛的十万元奖金；

"（4）信息（虚拟）世界对'扩张'的信息（虚拟）的'证实'，比如你在游戏里干掉了一万个僵尸。

"毫无疑问，以上四个类别的'证实'都会给我们带来幸福。"

"有点惹到马斯洛了，比如属于第（4）类的电子游戏就是虚拟世界对'扩张'的虚拟'证实',而这与马斯洛感兴趣的第(1)类和第(2)类的内容在'扩张'的意义上是一样的。玩电子游戏与马斯洛的自我超越在动机上原来是一样的,都是'扩张'欲望!这也太容易了吧?马斯洛会生气的。"你打断了他一下。

"谁让咱们用第一性原理呢?按照公理推导出来的结论不就应该是系统的、简洁的、全面的吗?"你似乎也感受到了那该死的"公理"二字的威力。

虽然你不喜欢别人这样咄咄逼人地反问,但张不慧说这些还真没有毛病,他从来不装,从来不高调,从来不低调。在他看来,高调和低调都是不真实,都是弄虚作假,另有目的,别有企图。他就是个"中调"先生。

他也丝毫没有停顿下来与你讨论的意思。

"这些'扩张'的'证实'大都通过'他人'(其他人)和'己事'(自己的事)来获得。有时候人和事会搅和在一起,但并不妨碍我们在概念上独立观察和推理它们。'他人证实':我们通过'他人'的认可和与'他人'比较来证实自己的'扩张'结果。出人头地是幸福的,被人尊重是幸福的,拥有左右'他人'命运的权力是幸福的,写的书畅销是幸福的,青史留名是幸福的,比同班同学长得帅是幸福的，比同资历同事的收入高是幸福的，哪怕是孩子长得比邻居的同龄孩子高也是幸福的。反之，被人鄙视是不幸福的，失去自由任凭'他人'驱使是不幸福的（即使是一切无忧的囚徒也是不幸福的），住豪华小区里最差的房子也是不幸福的。

"'己事证实'：亲身克服困难解决问题是幸福的，通过自己的努力让世界变得美好是幸福的，亲手种植的庄稼获得丰收是幸福的，为客户服务而获得更多客户是幸福的，哪怕将搭起的积木一把推翻也是幸福的，而做烂尾楼的门卫因为无所事事，就算收入很高也不会有多幸福。

"当有了这些'证实'信息之后，幸福算法还会把这些反馈信息与某些'欲值'（欲望阈值）进行比较而得出幸福的最终结果。比如，我期望本书的销量是100万本，当销量只有1万本时，我会很失望，会不幸福；假如我期望的销量是100本，那同样是1万本销量，我会很幸福。

"原点中两个因素之间的相互依赖（特别是'扩张'对'生存'的依赖）和交互性使得我们基因中存在的幸福算法具有相当的复杂性，但大的逻辑框架就是这么简洁！"

"有个体差异吗？"你觉得他讲得太干了，想给他一个机会讲得更生动。

"当然有。关于幸福的感性系统就如同智商一样,我们天生就不一样,后天的家庭、教育、文化、宗教和社会等环境影响也会造成明显差异。"看来他没接住。

"个体差异只是不同的起点,在此之上,我们依然可以按照幸福原点发散的脉络提升我们的幸福感,让我们的人生更有意义,是这样吗?"你的问题颇有点"心悦诚服"的意思。

"聪明的!甚至,无须辛苦努力,无须改变现状,你就可以提升自己的幸福。"

"哦,请明示!"你在激发他。

"当我们理解幸福的原点之后,理性的修改、选择和行动就都不那么难了。

"比如,佛教让我们把欲望值降到零,果真做到,很显然幸福基本上就可以无处不在。弘一法师的《人生没什么不可放下》其实是告诉我们任何欲望都可以降到零的。而我想说的是:放下是有悖于人性的,比如,即便是两位同时进一家寺庙的修行人,若干年后,一位成为方丈了,而另一位没有成为方丈,想保持心境的纹丝不动,是很难的。人性的'扩张'欲望是刻在骨子里的,我们应该与人性和解,无须放下,人生照样可以轻松幸福。

"再比如，我们选择了一个以年轻为前提条件的职业——运动员，如果不转行，终其一生不会太幸福，因为二十几岁后就开始用自己过去的顶峰辉煌来追求余生的欲望值，会尝尽失败的痛苦。相反，那些选择一个凭经验越老越吃香的职业，如中医，就是非常智慧的选择。

"又比如，智商中等的年轻人凭借超强毅力考进了麻省理工，虽然非常励志，但这是与终身幸福逆行的行为，因为绝大部分能进入麻省理工的年轻人都智商超群，而智商中等的人在这种环境中，用于比较的'他人'太强了，而不得不与痛苦相伴。

"这些简单的事例告诉我们，通过不同的选择，我们不需要其他的努力就能有效地提升幸福感或避免无谓地牺牲幸福。

"不才，你有纸笔吗？"

"还真有。"看样子，他还是想演示纯逻辑的东西，也许他要讲的道理太重要了，只能选择干巴巴的表达方式来达到其精准。

于是，他写下了一个"幸福等式"：

$$幸福 = (H + L + C_1 + C_2) > 0$$

治愈力：从幸福原点出发

幸福公式＝$(H+L+C_1+C_2)>0$

其中：

H（Health Conditions）＝健康状况权重×（健康状况－健康欲望值）

L（Living Conditions）＝生存条件权重×（生存条件－生存条件欲望值）

C_1（Confirmation by People）＝他人证实权重×（他人证实－他人证实欲望值）

C_2（Confirmation by Matters）＝己事证实权重×（己事证实－己事证实欲望值）

你费劲地看了好一会儿，总结道："也就是说，幸福原点的两个因素扩展为四个分支：健康、生计、通过'他人'扩张和通过'己事'扩张，各个分支又有各自的权重和欲望值，幸福总值则是这四个分支的叠加。"

"正是！这些权重和欲望值是因人而异的，构成了理性可以逐渐修改的空间，也是我们通常所说的价值观的主要内容。

"人生的幸福基本上就来自'生存'和'扩张'这两个因素所组成的原点以及由原点所生发出来的四个分支维度。

人的欲望、思考、选择和行为同样被这两个因素左右，人的喜怒哀乐、爱恨情仇、七情六欲皆源于此；梦想、创造、征服、兴奋、同情、英勇、愉快、性爱、高尚、炫耀都无出其二；同样，焦虑、叹息、沮丧、失望、后悔、梦魇、痛苦、争斗、仇恨、战争，也拜其所赐。

"每个人的不同基因和生长环境决定了幸福算法中属于你自己的各种权重和各种欲望值，这些权重和欲望值也就是价值观的主要内容。重要的是，我们通过简单的选择和理性的修改就可以对幸福的结果产生非常大的影响。比如，'他人证实'中的'他人'和'他人证实欲望值'是需要通过选择和理性来确定的：假设你很吃力地买了富人区最差的房子，你就错误地选择了'他人'，你不会多幸福；假如你坚持与爱因斯坦比智商，与普京比权力，与刘易斯比身体，又或与盖茨比财富，那你就注定会自觉不如蝼蚁，焦虑难安。

"为了证实'扩张'，'比较'是必不可少的步骤，比较是我们基因中必然存在的、不可被理性控制的感性过程，但与什么对象比、如何比却是有可能用理性来做出选择和修改的。

"'放下'指的是放弃'比较'，这是与人性相悖的，佛教要把欲望值降到零也是与普通人的人性相悖的。我不喜欢与人性相悖,我喜欢与人性和解,与人性做伴,与人性相拥,找到幸福,增加幸福。

"总之,生命的意义就是做到幸福最大化。幸福的原点,'生存'与'扩张',是生命基因自带而不可更改的天性,但最终决定我们幸福结果的算法简单到只有四个分支维度,最重要的是其中的那些参数我们可以选择和修改,从而让感性的野马套上理性的缰绳,让我们在不改变现状,也不需要放下,更不需要无欲无求的情况下,使人生变得更加幸福。

"也有一点小小的遗憾,虽然幸福的原理不难理解,但是由于感性系统的顽固性,需要理性系统对其反复不断地训练才能达到目的。每个人的基因不一样,顽固程度不同,需要的训练方式、频率和强度也都不一样。提升幸福跟减肥有着类似的简单性、类似的困难性、类似的因人而异的特点。"

"难道我这不慧兄弟还真是大家?"你装模作样地掐了一下自己的左臂,自言自语道:"这才是思维的高潮,热烈奔放的高潮,一气呵成的高潮。"有一半时间你几乎是屏住呼吸听完的。

他的确不喜欢低调或高调，满脸真诚地惊叹，难以置信地摇摇头："发现人性原理，即'生存'和'扩张'两个元素，让我自己大吃一惊，一开始我是不相信的，慢慢地竟然解释了那么多。我思考了两年多，才慢慢地在自己强烈反抗的情况下说服了自己。因为涉及面太广，实证工作是一个巨大的工程，我也完全没有能力去做实证实验。虽然没有做系统的实证实验，但原点论对各种现象的解释度以及与之相关的思想实验结论是相当令人吃惊的。"

你没头没脑地问道："你能用同样的思考框架分析一下幸福的反面，即痛苦和焦虑吗？"莫非你在想如何帮睿馨减少失恋的痛苦？

痛苦的好与坏

他呵呵一笑道："我正想说呢——"

"我不知道你有多少关于痛苦的体会，不管是淡淡的忧伤，还是割肉滴血般的剧痛，不管是压力山大，还是彻夜难眠，甚至是生不如死，它总或多或少与人生形影不离，各种让人可以忍受和难以忍受的痛苦，如藤蔓缠树一样把我们本该幸福的日子绑得透不过气来。

"你可能未曾想到的是,痛苦也是有'好'和'坏'的区别的。不仅有区别,我们还可以去掉很多坏的,留下所有好的。

"'好'痛苦,因幸福而存在。

"'好'痛苦是生产幸福的。比如农民辛勤的劳作是为了丰收;创业者咬牙坚持和不懈努力是为了创造价值与未来。不仅如此,痛苦在心理上建立的低比较基准也为未来的幸福提供了对比。比如去赌场,我们都知道现实中的赌场总体上是输的,但正是输钱的痛苦使得赢钱特别地让人幸福,这也是许多人容易产生赌瘾的原因之一。如果设计一个不会输的'赌场',赌徒们一定会觉得索然无味,更不可能会上瘾。又比如,因恋爱而思念更是美好的痛苦。"

你的心轻微地颤动了一下,闪过一个小念头,惦记不就是一种非常美好的不舒服吗?

"'好'痛苦也是保护幸福的。比如石头砸在脚上所产生的疼痛,既是要提醒你高度重视对脚部的保护,也是教训你未来不要再把石头砸在自己脚上,吃一堑长一智,下次搬石头时要小心了。这类痛苦对人类的进化不可或缺,假如把痛感去掉,显然不利于我们'生存',万万使不得。

"'坏'痛苦通常都是自找的,比如找关系把自己智商一般的孩子送进天才营。除了直击'生存'的坏痛苦，比如病不能医，其他坏痛苦大都是可以去掉的。举一个例子，你存了一笔巨额财产，而因为宏观经济的原因，投资亏了一半，你会感觉到痛苦。而这个痛苦是可以去掉的：第一，它是偶然的；第二，它不影响你的生计；第三，它是已经发生的事情，你无法改变。你的第一感受的确是痛苦的，但那只是与理性逻辑完全不符的感性部分的直接反应而已。认真思考一下，你是有能力将这件事情抛至脑后的。那些自找的痛苦，比如让自己智商平平的孩子和别人家天才娃一起学习，更是事前就可以避免的。

"实际上，现今社会，可以去掉的'坏'痛苦或去掉焦虑占全部痛苦的很大比重。想避免或去掉没必要的'坏'痛苦，这里有三招可用：

"（1）正确比较：智慧地选择作为参照对象的人群和用来比较的维度，比如绝不选择与霍金比智商，与特朗普比权力，与马云比财富，而是选择与霍金比健康，与特朗普比身材，与马云比身高。

"（2）知足常乐：适当地选择用于比较的欲望值。要知道，任何事情你都很可能是中不溜，不太可能是最好的，也不太可能是最差的，大概率是比上不足比下有余，把欲望值降低,焦虑就变小了,幸福就增加了。

"(3)今天是第一天:认识到一个简单的事实,今天是未来的第一天!今天的心态和行为只会影响未来。因为过去是无法改变的,所以在乎过去是非常不明智的、无聊的和无意义的。有了'今天是第一天'的认知,你的生命里即刻充满了希望和憧憬的光芒,没了担心和焦虑的灰暗,生命变成了每天都可以为之起舞的存在。每个新年伊始,大家都兴高采烈地或庆幸过去一年的美好,或埋葬过去一年的阴郁,重新规划,期盼未来一年的好运。其实,如果我们把这种美好的心态扩展到每一天,每一天就都是新年!"

他说完这段,又抓起了酒杯,用杯子冲海天交接处画了个圈:"有了这三招,我们就可以避免或去掉'坏'痛苦,众生便可自度。"

"你这第三招,与我想到的'不要憋那两口气——过去的痛苦和未来的不确定性,今天就是幸福和美好的',实际上是一回事,有抄袭之嫌。第一招和第二招还差不多。"你很高兴自己也有贡献。其实,你觉得他关于痛苦的好与坏说得有点牵强,至少是不够精彩的,甚至有点让你失望,但你也不能对他太苛求了。

"好了，可以轻松地与马斯洛对话了。毫无疑问，马斯洛的理论的确比其他的心理学研究要全面一些，也能为人们寻求幸福的人生提供一定的指引，但是，的确不够深刻、不够全面，还有些牵强。比如体育比赛、赌博和电子游戏，在马斯洛的理论里只有一个'堕落'的位置，最多也就是'非动机行为'，而实际上与英勇、正义、爱国的'原点'是一样的，都是源于原点中的'扩张'因素！大聪明的不才老弟，不需要我对此做详细解释了吧？我讲完了！"

他的滔滔不绝到此戛然而止。你眼巴巴地望着他。

你从他的瞳孔里窥见，夕阳轻松地把海面染成了有质感的金色，从这金色的海景里，你看到了这对眸子里透亮的心灵。

你从未发现他的眸子竟是如此之美！比睿馨的酒窝还美。

第三章
解惑

// 悖论遇到了原理，就与执拗分手了

● 琳达给你打来电话，她找到了大卫的行踪——大卫削发为僧做下一个弘一法师去了。你足足半小时回不过神来。

睿馨也给你打来电话，说是过两天就去西海岸了。你完全不知道她为什么要告诉你，但你心里那点奇怪的感觉更浓了。

今天与不慧一整天的对话太精彩了，这精彩的对话和激动的心情还是把你的思绪从感性世界拉回到了理性思考。

不慧的瞳孔成了你大脑底层无法抹去的图像。你把自己反锁在书房里，用你自己的理解，整理起"幸福原点论"和对22个疑惑的解答。

　　幸福原点论（人性原理）：基于生命之偶然诞生和
　必然死亡的公理假设，推导出人类基因里自带的生命

● ● ● ● *治愈力：从幸福原点出发* ● ●

人性的河流，
发源于那座名为"生存扩张"的雪峰，
是那雪峰埋藏着，
千万年不变的幸福秘密

> 意义和目标：幸福最大化！幸福的原点是"生存"（健康、生计）和"扩张"（通过"他人"和通过"己事"）加权之和。"扩张"可以是真实的、仿真的、虚拟的，但必须通过比较得到"证实"。

你深刻地认识到了这简短原理之深和力之大，因为它能解释你遇到的大大小小的问题，并让你在问题的迷宫中健步如飞。不管情绪上是否愿意，你因此对不慧的的确确是崇拜的。

你虔诚地把以上的幸福原点论抄写了三遍、朗读了三遍、默背了三遍，然后，逐一回答了22个疑惑。你还郑重其事地对天许愿，希望芸芸众生都有机会把幸福原点论抄写三遍、朗读三遍、默背三遍，然后再通过他们自己的思考完成这份22个疑惑的人生的作业。要不，先让亲爱的读者朋友们自己试着回答一下，再比对一下你的答案？

你顾不得精细的修辞，飞快地跟随思绪在22个疑惑后面写下了自己的答案：

1. 排队15分钟买到咖啡很郁闷，排队30分钟冻成狗才买到咖啡却倍感幸福。如何解释"咖啡悖论"？

排队15分钟买到咖啡虽然很快，但后边没有人排队，意味着新来的人不需要排队，与他们的0分钟相比，我这个15分钟是非常漫长的，也是一个非常失败的事情。排队30分钟虽冻成狗，还被司机吼了，但排在后边的人白排了，要等两小时再来，与他们相比，这排队的30分钟是非常短暂的，也是一个非常成功和幸运的事情，当然感到非常幸福。排队多少时间买到咖啡虽然重要，但更重要的是与"他人"相比的伟大或渺小、成功或失败。比较是"扩张"获得"证实"的必经步骤，是一个基因里自带的程序。一方面，"他人"是一把尺子，就连买咖啡这样的小事也要情不自禁地计算、比较，另一方面，我们能进化到今天正是因为物竞天择。

神奇的是，不管人们是什么样的种族背景、文化背景、宗教背景与年龄、性别、教育背景、职业，很少有人因这15分钟买咖啡的经历不郁闷，也很少有人因这30分钟买咖啡的经历不幸福。咖啡悖论就是对"幸福原点论"的实锤确认！

第三章 解惑

咖啡悖论：排队时间不是幸福的唯一标准，与他人的比较才是关键

什么是人性？这就是人性。

我问过我自己："花了30分钟买到咖啡还很幸福，就是因为他人排了30分钟还买不到，这是不是挺邪恶的？人性本恶？"我敷衍地找了一句托词："众人皆如此。"

几乎是所有的善者，所有的恶人，在排了15分钟队后都会因为嫉妒后来者不用排队而莫名地不爽；所有的善者与恶者也都会在排了30分钟后因为后边的人买不到咖啡而庆幸。看上去，所有的人都像是恶人，善人去哪儿了？其实，这"嫉妒"和这"庆幸"都不是恶，而是"人性"，是人性中最最根本的"扩张"欲望，善恶在此合二为一了，毫无分别。

"咖啡悖论"可能连动物也不能免俗。记得我与不慧讨论过一个螃蟹故事。十几只螃蟹被一起放在锅里煮，大家都能感受到水温的上升所带来的不适，其中有只螃蟹拼尽全力爬到了锅边，离成功逃离只差一步了。在这种情况下，其他螃蟹们会做什么配合？

我就认为"螃蟹们都会毫不犹豫地争先恐后地学样爬出去"。

不慧分析说："第一种可能是大家协作，先把那只已经爬到锅边的螃蟹拉下来，再通过商议或抽签确定爬出去的顺序，排在后边的螃蟹全力把前边的螃蟹顶出去，这叫合作，又叫文明！既然蚂蚁可以筑巢，我们螃蟹界也可以有高智商的合作。第二种可能是，出于同理心，其他螃蟹会把那只螃蟹顶出去，那只先出锅的螃蟹就可以把其他螃蟹一只一只拉出去，来得及救出去几只是几只，这叫同理心，也是爱！拉不拉就看那只爬出去的螃蟹的良知了。第三种可能，各自争先恐后地爬出去，至于在爬出去的过程中是否借力或牺牲其他螃蟹或彻底乱成一团，很难说。这叫自私，也叫物竞天择！第四种可能就是像泰坦尼克号那样，让弱者先行，自己可以死，但必须做绅士。这叫自豪感，更叫荣耀！重复实验表明是第五种可能，其他螃蟹会齐心协力地把那只快逃离的螃蟹拉下来，只求平起平坐地死去！而爬出去的螃蟹也绝不会回头救同伴，这叫什么？"

我安慰自己道："只有螃蟹这种低等动物才如此低智商，如此没有文明精神、没有同情心、没有荣誉感，如此歹毒。相比之下，我们人类的智慧、善良和高尚比螃蟹要高出无穷多个数量级。"可是，"咖啡悖论"就摆在那儿。

果真发生同样的事情，我并不太知道人类的行为会是怎样的。泰坦尼克号的故事是特例还是人类的普遍良知的体现，不得而知。

2. 婴儿拍桌子本应毫无意义，为什么要使劲拍？电子游戏分明是虚拟的，还非得"杀人"？使劲拍桌子手不痛吗？！"杀人"那么邪恶能让我们快乐？！

我们在此把如下的现象一并解释了，其实，它们在原理上的区别是微乎甚微的：狗捡高尔夫球，婴儿拍桌子，堆积木，玩电子游戏，开跑车炸街，打得州扑克，玩真人CS，看真人秀，看奥运会和NBA等体育比赛，玩极限运动，进行野外求生，上班工作，进行商业管理，创业，参与政治和做官，发明创造，做慈善，著书立说，参与革命或推动社会变革，发动世界大战。

先说婴儿拍桌子。

对婴儿来说，要拍得很响有一定难度，拍重了手还痛，婴儿听到的声响就是通过"己事"的"证实"。李开复写了一本自传，叫《世界因你不同》，他对人生意义的理解与大部分人一样，出自基因的需要，还夹带着对世界的善良。要知道，"不同"是可大可小的，也是可坏可好的，甚至你自己都不知道自己做的事情，是大是小，是坏是好。比如，凡·高并不知道自己的画作如此伟大，对后世影响如此深远。20世纪那些伟大的物理学家发现了核能，从而推动了核武器的出现，这个"不同"是很大的，但其对人类的影响是好是坏，恐怕我们现在还真无法有确定性的结论。脸书公司引领了社交新纪元，革命性地改变了社交的方式，世界因脸书而不同。但最近几年，年轻女性的自杀率因社交平台的繁荣而每年大幅上升，真不知道扎克伯格做何感想。

婴儿从小就有那位企业家的抱负：让这个世界因他不同，拍桌子制造一些声响当然算！把搭好的积木推翻也一定算。（为什么婴儿更喜欢推翻积木，而不是搭积木？推翻积木与搭积木对世界造成的"不同"在程度上是一样的，少一个积木模型或多一个积木模型而已，但是推翻积木比搭积木的劳动成本低多了，别以为小孩不懂成本分析！）当然，如果推翻积木时旁边有人，则这个行为又增加了其社会性，在"己事证实"的基础上又增加了"他人证实"，婴儿就更起劲了。婴儿拍桌子时，更希望有人围观，围观的人越多，叫好声越频繁，婴儿就拍得越起劲，如果是在与另一个婴儿比赛谁拍得更响亮，手痛也就是可以完全抛之脑后的小事了。这就是通过"他人"的认可和与"他人"比较寻求"扩张"的"证实"。

再说电子游戏。

之前，我一个朋友的儿子玩游戏沉迷到了极点，不是影响学业那么简单，而是影响饮食和睡眠，导致身体的各种直接损伤，危及生命。他已经17岁了，我朋友要我帮着一起想想办法。我也只能勉为其难地找他谈了一次。我把桌面上的可乐从左手移到右手，再从右手移到左手，问他：

"你喜欢玩游戏，我陪你，要不我们今天整个下午就玩这一个游戏，看谁移得快？"

"不想玩。"

"为什么？"

"太简单了，没意思。"

"对了，你玩的电子游戏太简单了，没意思，所以我不想玩。"

"我那个游戏可复杂了！"

"是吗？！读书，上班工作，进行商业管理，创业，参与政治和做官，发明创造，做慈善，著书立说，参与革命或推动社会变革，发动世界大战，哪样不比你的游戏更复杂，也有更多人围观和崇拜，有种来呀！"

他愣愣地瞪着我，半天不吭声，我们的谈话很快就结束了。后来听说，当天他破天荒地没玩游戏，晚上还彻夜难眠。

大部分电子游戏都是以"杀人"为目的的。这又是为什么？

电子游戏都是"虚拟的"。所谓虚拟，就是没有物理意义，只有信息意义。其实，NBA或世界杯比赛像电子游戏一样影响人们的情绪，但同样没有物理意义，只是与电子游戏相比，社会付出了更多物理代价而已。因为付出了物理代价，一下子给了我们真实感。其实，NBA或世界杯如果做成电子化的球队和比赛，其信息意义与真实的NBA或世界杯并无区别，但真实的比赛因为庞大的物理成本使得观众和粉丝有更强的真实感、沉浸感。稍稍想一下，世界杯比赛的目的是把球踢进门去，进或不进都完全没有物理意义，不会对这个世界有任何物理性的改变或影响。体育比赛和电子游戏对我们感性系统的情绪冲击却都是真实的、类似的。既然我们的基因是通过"他人"和"己事"来对"扩张"进行"证实"，越宏大越好，杀人当然就成了首选。真实比赛中用杀人做代价的早就有了，容纳几万人的罗马竞技场就是历史的见证。显然，作为比赛的真实杀人的代价太大了，于是慢慢减退成了社会代价小一些的真实的体能和技能比拼，但同时也伴随真实的受伤，比如橄榄球和格斗造成的脑震荡。在电子游戏里，"杀人"没有任何社会物理代价，因此"杀"成千上万的人当然就成了大部分游戏的首选。而且在游戏里还可以即刻看到结果。即刻性是对短暂生命这一必然事实的抗争，也就是在时间上的"扩张"。在游戏中"杀人"如此让人上瘾完全源于"扩张"因素。那从道德的角度来看，救人不是更好的选择吗？如果是救人，虽然从"己事证实"的角度与杀人差不多，可从与

●●●● **治愈力：从幸福原点出发** ●●

老人与海

"他人"对比的角度就完全不一样了。在游戏里,他人"死"了,自己相比之下更强大了,太幸福了!买到最后一杯咖啡不也是同理吗?不光自己买到了最喜欢的咖啡,而且"他人"买不到,这才是重点。我必须为不慧自豪地说一句,拿电子游戏做分析对象时,原点论比马斯洛的需求层次理论高出太多了。

海明威的小说《老人与海》讲述了捕鱼老人圣地亚哥的故事,老人出海84天一无所获,终于在第85天又经过两天两夜的搏斗捕到了大马林鱼,尔后又与鲨鱼搏斗,到港时只剩下被鲨鱼吃掉鱼肉的大马林鱼的鱼骨架,人们看着巨大的骨头惊叹于这条鱼的巨大,圣地亚哥则在梦中回到他年轻时去过的非洲。

其实,这真的与婴儿不顾手痛,脸红脖子粗地拍桌子,连续拍出十几个巨大的声响,围观的大人们发出赞叹的呼喊,婴儿满足地笑着,没有什么不同。老人在84天内一无所获,两天两夜与大马林鱼的搏斗都是从"己事"的角度衬托捕到大马林鱼的困难和意义,鲨鱼吃掉了大马林鱼肉则把这件事对"生存"的意义剥离了,这不但不影响,反而加强了人们的惊叹和钦佩,即通过"他人"扩张的意义。所以,整个故事就是彰显了原点中"扩张"因素对人生和幸福的意义。伟大的作家,如海明威,对人性的洞察是如此精细准确。

其他的例子就留给读者自己去分析吧,创业也好,当官也好,拿诺贝尔奖也好,做慈善也好,发动战争也好,道理上都是大同小异的,相信读者一定会有认知上的巨大收获。

3. 有些人在商业领域里表现出强烈的竞争性,同时也在全球范围内进行慈善捐赠。还有一些人则采取极端行为,如历史上的独裁者。而这些行为却都看似能让他们心安理得地幸福着。

商业霸凌能够通过"他人"和"己事"证实自己的"扩张",慈善当然更能(比尔·盖茨才一条命,救了非洲人那么多条命,太值了,太有"扩张"感了!),希特勒杀人跟游戏"杀人"的驱动力从幸福原点论的本质上看没有多大区别,他的镜像神经[1]应该还是比较弱的,又比平常人

---

1. 镜像神经及同情心:镜像神经与同情心之间存在一定的关系。镜像神经是指大脑中一组神经元的活动模式,当个体执行某项动作时,与执行该动作的运动神经元相连的一组神经元会被激活,同时与观察这个动作的大脑中的类似区域相连的一组神经元也会被激活。这种现象被称为"镜像神经活动",因为观察者的大脑在执行动作时似乎在"镜像"执行者的大脑活动。同情心是指对"他人"所经历的困难或痛苦产生共鸣、理解和关怀的情感和行为。镜像神经活动被认为与同情心有关,因为观察"他人"的情绪和行为时,镜像神经活动可能导致我们模仿他们的情绪和行为,并产生与他们相似的情感体验。这种共情过程可以促进人与人之间的情感连接和理解,有助于建立和维护良好的社会关系。因此,镜像神经活动可能在同情心的形成和表达中发挥一定作用。

有大得多得多的"扩张"欲望（这是重点！），更重要的是社会环境对他没有多大的制衡。同理，其他独裁者背后的驱动力也是一模一样的，都是通过"他人"和"己事"来"证实"自己"扩张"的成果，以获得幸福，这也都符合人性。难道商业霸凌、慈善、战争和独裁之间没有一点区别吗？这些大人的"游戏"与婴儿拍桌子、电子游戏"杀人"背后的驱动力是一模一样的。

贪腐和黑社会的存在有"生存"因素的原因，但更多的原因类似于希特勒的故事，即来自"扩张"因素的强大欲望在没有有效制衡情况下的野蛮膨胀。

4. 婚前相爱，婚后相厌，遑论幸福，且大都如此。

我必须说婚姻带来的痛苦和焦虑几乎是必然的，这是人性使然。T用死亡挣脱了，大卫·刘用出世，毫无留恋地放弃了无怨无悔、轰轰烈烈的爱情连同十几年的婚姻与家庭。

这是一个相对复杂的问题，让我来用人性原理给出清晰的解释和实用的解决方案。

我们先来看一下爱情与婚姻在常识意义上的区别。对于爱情，热恋中的双方只展现自己的亮点，只看到对方的优点，因此，对方一定显得无比完美，一定比其他人都优秀，因此，爱情大都是甜蜜美好的。婚后双方展现了自己包括所有缺点的一面，又往往只看到对方的缺点，再把这些缺点与其他异性比较，通过拿短板出来比，配偶在逻辑上当然就是异性中最差的那个人，即完全选错了的那个人。从恋爱到婚姻，对方从最完美跌到最差，这在逻辑上是必然的，但这些都是现象层面的逻辑，肤浅了一些，有没有更根本的原因呢？

哲学家叔本华认为，物种延续和发展在人的基因里种下了为性而疯狂的精神，这便是爱情。一旦性满足后，这种爱会很快减弱或消失，回到柴米油盐酱醋茶，最终只能是婚姻为爱情背锅，成了爱情的坟墓。

婚姻的幸福其实与爱情关系不大，门当户对又从利益出发的婚姻往往是更好更长久的。如果你有这种选择能力的话，那么经过痴狂的恋情后，由理性带领至婚姻的殿堂就是最好的选择。父母所谓的过来人，就是对这种从爱情过渡到利益互助的婚姻的深刻体会和认知。

本质上，爱情与婚姻的主要动机是非常不一样的。爱情的主要动机来自幸福原点的"生存"因素，人类基因继续生存的第一个选择当然是对基因的直接复制，也就是传宗接代。死亡是必然的，因此，让人类进化繁衍至今最大的力量就是我们狂热的繁殖欲望。繁殖欲望的具体实现就是性，性欲的升华就当然成了我们一生中最炽热的情感：爱情。难怪我们会躁动，会痛不欲生，会撕心裂肺。性欲是葡萄，爱情是葡萄酒，好葡萄和好的酿制工艺一配合就酿出好酒了。这也是为什么有人会殉情，基因为了复制自己而牺牲自己，这在逻辑上是通顺的。爱情因为基因复制欲望的强烈而掩盖了两人大部分的缺陷和矛盾，在熊熊大火燃起时，我们只注意到火苗的光辉、火焰的热烈，哪顾得上燃烧出的灰烬。

婚后相厌比例如此之高，这不是爱情燃烧的灰烬所致，不是选对人了还是选错人了的问题，也不是三观不匹配背得动的锅，更不是审美疲劳的缘故，而是另有更深层的结构上的本质原因。比如，嫁给美国总统应该算是很幸福的婚姻吧，至少表面上来看算是嫁对人了吧？林肯总统的妻子，对林肯什么都不满意，处处挑剔林肯的不是。她嫌林肯驼背，走路的样子难看。她指责他的鼻子不够挺拔，嘴唇太突出，骂他手脚太大，脑袋太小，抱怨他是个痨病鬼，这些还基本上都是事实，可人家当上美国总统也是事实呀！而且，那些鼻子不够挺拔之类的事实在结婚之前不也是显而易见的吗？在一国总统面前难道不应该毕恭毕敬吗？这不仅让她自己常常陷入对婚姻的内耗，身心俱疲，也让林肯对她心生厌恶，尽量躲避不见。总统能管理一个国家，却管理不了自己的婚姻，这就是婚姻结构导致的必然困境。

婚姻是什么？法律给两人定义了一个独立于外界的世界：二人世界。在这个"二人世界"里，两人的法律地位是平等的。最大的问题是：婚姻也是受人性支配的，受幸福原点中"扩张"因素支配的。我们的基因是寻求"扩张"，而且还要获得"证实"，这在相对隔离的二人世界里同样如此。当两人的地位平等时，双方的"扩张"欲望和"证实"需求是相互矛盾、直接冲突的且没有第三方裁判或制衡的。如果双方有意识地或下意识地理解这一点，还有可能维持相对平稳的关系，否则，两人相厌几乎就是必然的。在很多婚姻里，鸡毛蒜皮的小事会变成一地鸡毛、一团乱麻。这是因为，在每一件小事上，如大卫·刘和琳达·李的番茄炒鸡蛋要放几个鸡蛋的问题，双方都有来自基因的"扩张"欲望所支配的动机，去坚持己见，去固执，去不尊重对方，甚至为了不尊重而不尊重，双方的行为都在下意识的底层"扩张"欲望的驱动下而变得更加坚不可摧，无可救药。要知道，在婚姻之外的世界里，就算有70%的人在你之上，你也可以从剩下30%的人那里找到"扩张"的"证实"，而在婚姻的二人世界里，在任何一件事情上，任何一方的"扩张"的"证实"要么是100%要么就是0%，难怪双方都会不由自主地更倾向于固执己见。尤其是在一些利益攸关且很难知道真理的事情上。因为利益攸关，双方的驱动力更大，投入的注意力和思考也更多，又因为问题并无显而易见的答案和清晰的逻辑推理，双方就更加有了坚持己见和鄙视对方的借口。当驱动力更大且理由更充分时，持久的"二人世界大战"就是个必然结果。比如如何教育小孩，我们大部分人并没有这方面的专业训练和完整的知识储备，但这件事情还特别重要，除非两人正好理念一致，认知相当，绝大部分的父母会长时间秉持各自极难改变的立场、态度和方法，一直战斗到小孩不再是小孩为止。

也就是说，爱情的动机更多地来自幸福原点中的"生存"因素，而婚姻的矛盾更多地被"扩张"所操控。

这是婚姻结构上的问题，并不太因人而异，而前面提到的"从恋爱到婚姻，对方从最完美跌到最差"只是雪上加霜罢了。

如何减轻甚至删除二人世界里的必然困境呢？

首先，应该鼓励和支持对方最感兴趣的外部活动，包括职业活动和业余爱好。这样，他（她）可以在外部世界获得许多"扩张"的"证实"，使得在二人世界里"扩张"的需求相对变小，困境得到一定舒缓。大部分情况下，夫妻除了二人世界之外，还有外部世界。如果夫妻二人都能在外部世界（比如职场）获得"扩张"，对夫妻关系会有很大帮助。反之，假如割断与外部世界的联系，让二人世界变成他（她）们唯一的世界，问题就会特别严重。比如，夫妻二人出去旅行三个月，或是疫情原因被隔离在家三个月，吵架很快就变成了家常便饭，离婚率瞬间飙升。盖茨和前妻梅琳达一起做慈善基金会，这是对夫妻关系非常大的破坏，如果当初各拿一半的资金，成立姐妹基金会，各自为政，对夫妻关系会好很多。在监狱里，如果把两个犯人关在同一间牢房，这间牢房就是他们的二人世界，他们往往会在这个二人世界里大打出手，分出高低。

其次，在二人世界里分工明确。也就是把二人世界尽可能分割成"两个世界"，或多个相对隔离的细分世界，这与庄子的"相濡以沫不如相忘于江湖"是异曲同工的。或许，庄子悟出了同样的道理？常见的"我都是为了这个家"试图把二人世界独占，与明确分工正好相反。当事者未必能清醒意识到,"我都是为了这个家"是婚姻中最糟糕最自私的想法。这个既是人人皆犯的错误,也是人人都不明白的错误。首先什么是家?房子不是家,车子不是家,金钱更不是,孩子也不是,工作不是,做饭不是,购物不是,度假不是……家就是"夫妻关系",因为没有这个关系就没有了家。如果是为了改善夫妻关系,你就可以说"我都是为了这个家"。而大部分人说"我都是为了这个家"时,却是在与配偶争个对错、争个高低,恰恰是破坏夫妻关系,破坏这个家的。背后自己都不能意识到的原因却是:我是对的,这个事情我说了算。这是来自自己"扩张"的本能。

再者就是举案齐眉的相互尊重,比较平均地分割二人的困境空间。

当然,两人的高度默契和匹配显然是有帮助的,但对大部分夫妻而言,基因里的底层"扩张"需求的问题远大于合适匹配带来的帮助,这就是为什么真正和睦的夫妻少之又少。古代的男尊女卑是对女性极大的不公平,但是,那样的夫妻地位关系(女尊男卑同理)显而易见地减少了凡事都各持己见的矛盾。

为了维持这种本质上"不容"的关系,很多人选择了"容忍",比"容忍"更好的当然是"包容"。但是,"容忍"和"包容"不光对人的脾性有很高的要求,久而久之,也会有积重难返的副作用。

理解了"生存+扩张"构成的这一"幸福原点"在爱情和婚姻中的核心作用,我们不光是要采取以上的方法来舒缓二人狭小世界的困境,我们也知道了坚持己见的根本原因是人性导致的心理需求,而不是我们想当然地认为"我是对的,是为了事情有好的结果,是为了这个家好"。于是,当有问题出现时,双方都不应该在乎事情,而要在乎人、在乎对方的感受。所以,秘诀是"不在乎事情,只在乎人"。一旦你不在乎事情后,你不需要"包容",更不需要"容忍",你所获得的是"从容"。在一个原理上本是"不容"的关系里,从"不容"到"容忍",到"包容",再到"从容",这便是最大的秘诀。

举个简单的例子,夫妻A和B二人,A把事情搞砸了,如果B不在乎事情,只在乎人,就会说"没关系的,我们不在乎这个,不要让它影响你的心情"。相反,如果B"为了这个家好",也许就会说"你看你,又笨,又没有责任心,把事情又搞砸了,告诉你不要那样做,就是不听",其实B的真正驱动力是"扩张"。请比较一下B的两种行为的后果,也欢迎读者自己对号入座。现实中,这样的例子差不多每天都会发生,甚至一日多次。如果做不到"不在乎事情,只在乎人",至少可以尝试"少在乎事情,多在乎人"。

由此,婚姻和谐的秘诀已经有了:

(1)少在乎事情,多在乎人(去除责怪和抱怨,关注对方感受,共同解决问题),这也是夫妻恩爱的内核;

(2)鼓励、支持和帮助对方从事家庭外部世界的工作、社交、爱好、慈善;

(3)尽量分工,责权一致;

(4)尊重对方(举案齐眉)。

因为人性使然,知道这些秘诀之后,大脑还需要不断刻意练习,形成理性,用这些理性不断重复地去修正基因中自带的感性冲动。如果把"知"定义为理性,而不是王阳明的德行和觉知,感性顽固的程度就是知与行的距离,知行合一就是要超越感性的障碍。让进化在一瞬间完成,这显然是不可能的。用"咖啡悖论"作为例子,虽然我们每个人都能非常简单地用排队时间长短作为理性思考的唯一根据,但"咖啡悖论"却岿然不动地在那里等待几乎所有的人，所有不同种族、年龄、性别、教育、宗教背景的我们。不慧把理性对感性的修正比作减肥，虽知易行难，但持之以恒，日复一日地积累，一定会有幸福的收获。

5. 人们厌恶风险，耿耿于怀于过往的不幸，担心未来的不确定性，为此，焦虑成了常态。可追逐风险、不确定性的赌博却给人们带来快乐。

风险就是随机性或不确定性（无常）的程度。除了时间，无常是唯一的常在。在人类进化的历史上，各种无常给我们的"生存"带来无限的挑战，当我们躲过恶性无常时我们庆幸，当我们躲不过时便沮丧、悔恨和总结教训。在我们的底层认知里，我们是厌恶风险和无常的[1]，焦虑的主要原因也是对未来无常的恐惧。

而赌博却是冲着无常去的！为什么我们还如此有兴趣呢？不应该是为了那个高度无常的结果吧？我们必然是为

---

1. 厌恶风险：常识概念上的风险就是损失，因此，厌恶风险是当然的，不须解释的。学术意义上的风险则是不确定性，或叫无常。比如，你有50%的可能性获得100万，还有50%的可能性损失100万，虽然这件事情在价值上的预期均值是无伤大雅的，是毫无意义的零，但是大部分人仍然是厌恶这件事情的。很多人用心理学去解释这种厌恶，其实都是非本质的表面解释。真正的背后黑手是效用函数的非线性：假如你的所有财产是100万，损失100万后你的财产清零，效用的损失非常大；假如你获得100万，你的财产从100万变成了200万，效用增加了，但第二个100万的效用显然要比第一个100万的效用低很多，这就是非线性。于是，这件事情的效用预期均值是负的，因此，我们当然应该厌恶这件事情。假如你的财产是100亿，这件事情对你的效用预期均值就接近零了。

了过程，一个沉浸式的和可享受的过程。

还是要回归到人性："扩张"是生命底层的欲望。真实的人生苦短，还不能悔棋。假如我们能做一个长长的梦，梦里我们过了完整的另一版人生，我们当然愿意，这便是另一种意义上的"扩张"。看电影也好，读小说也好，欣赏艺术品也好，观赏体育比赛也好，赌博也好，玩电子游戏也好，只要它能让我们沉浸其中，信以为真，并且能仿真人生的一部分（一个片段、一个方面或一个角度），我们就一定会有享受的感觉。赌博是上述几样之中最需要承担后果的，也因此它的真实感和沉浸感是最强的，是最贴近真实的仿真，是"高仿"。百老汇歌剧比电影带来的真实感要强很多，那些付得起高昂票价的年长者，因为人生其他"扩张"可能性在日渐变小，而成了百老汇观众的主力。去现场看体育比赛并不能比在电视上看得更清晰，但是，沉浸感和代入感要强很多，仿真效果也好太多了，因此，我们愿意花更多的时间和金钱去看现场比赛。看歌剧可能被认为是一种高尚的生活品位，赌博可能被认为是行为的瑕疵，其实这些都是非常正常的人性，只要不伤害"他人"，并无高低贵贱之分。

借助"他人"的努力、成功、惊险、故事、爱情、悲惨都能让我们"扩张"自己，可以是假的、虚拟的，但越能让我们信以为真越好。大部分艺术的功能就在于此。为了"扩张"的效果，艺术要不同于我们的生活，但同时要让我们在感受上或感情上有沉浸式代入，至少要在一些方面让我们信以为真。所以，不少艺术的共同真谛都在"熟悉的陌生"中：熟悉让我们信以为真，陌生让我们的"扩张"欲望得到满足。

美国有一个摔角比赛叫WWE，比赛选手是真的，场地是真的，但摔角却基本是假的，故事基本是假的，流血基本是假的，比赛结果也是假的。只要观众信以为真，或部分地信以为真就可以了。有人说，这是娱乐，不是体育。其实，这是体育比赛、演艺和游戏的杂交，有"仿真"效果就达到了生产快乐的目的。

通过有强大代入感的"人生仿真"，间接实现人的"扩张"欲望，是绝大部分艺术、体育和娱乐的深层原理。也有不少艺术、体育和娱乐是基于"生存"欲望的，比如悦耳的音乐和养眼的风景画。因此大部分艺术、体育和娱乐也是人类文明的重要成果，这些成果大大地满足了人性，满足了人性中的"生存"与"扩张"，提高了我们的幸福感。

6. 体育比赛本应该与我们的人生无关，却给我们带来意想不到的幸福和莫名其妙的疯狂。

体育比赛，不仅是给运动员带来了拿到奖牌的兴奋和幸福，也给观众、国民带来更大更广泛的幸福。因此我们有理由认为，体育比赛是人类最伟大的发明，奥林匹克运动会也是古希腊人对人类的一个伟大贡献。有趣的是，古希腊哲学家认为，奥林匹克运动会有三种参与者，其中，商人是最下等的，运动员在中间，而最高级的是观看者，可这些伟大的哲人似乎并不是从幸福原点论的角度去分析的。

体育比赛给观众带来的是疯狂级的幸福，特别是在现场观看时。如果你喜欢足球又是梅西的球迷，在看世界杯实况转播，在看到他在门前脚触碰到球的那一瞬间，你很可能自己使劲地踢一脚，特别是旁边没有其他人时。球迷朋友们，有过踢痛脚的经历吧？这就是人生的另一版，这就是沉浸式体验，这就是另一种意义的"扩张"。当你在现场观看比赛，你更是比赛的一部分，有那么一点像是自己亲自参加比赛了，极逼真的高仿。你因此获得了颇大的"扩张"感受（比如获得运动员感受的百分之十），却只需要付出不及运动员万分之一的努力。

治愈力：从幸福原点出发

现场观赛：体育盛事带来的极致幸福感

7. 有更好工作的门卫感到度日如年，辛苦且低工资的汽车修理工却更幸福。

幸福原点论揭示了幸福不可或缺的元素之一是通过"己事"证实自己的"扩张"，这是人性的一个极其重要的部分。如果我们做的事情不能"证实"（哪怕是虚假地"证实"也行）我们对外部世界的影响，也就是证实"世界因你不同"，你的幸福就缺了一只脚。那位年轻的门卫虽然很"舒服"，工资报酬也不错，却因为成天无所事事，看不到自己做的事情对外部世界的影响或意义，每一分钟都变成了煎熬。"世界因你不同"不是什么高尚或伟大的追求，而是人性之必然需求，就如吃饭和睡觉一样。汽车修理工的工作虽然辛苦，工作时满手污秽、汗流浃背，可当你每天把一辆又一辆车修好，看到车主满意的赞许时，你看到了所做的事情被认可，看到了意义。

据说看守孤岛的工作虽轻松且工资高却无人问津，人性如此。

8. 华尔街白领T是出类拔萃的，又很富有，却痛苦得难以忍受，自杀了。偷渡客伟力已经四十好几了，才还完债，却幸福得不能自已。

被"证实"的"扩张"是幸福的来源，"比较"是"证实"的关键步骤。T的成就斐然,生活优越,但是他在比较的步骤中看到的都是非常糟糕的:与刚晋升为自己的老板的同事Jack比,与房子比自己更豪华的邻居比,与他太太的出轨对象比,与自己过去的辉煌比,与他太太的欲望或是自己对自己的期望比,所有比较结果都是失败和沮丧的,于是他无处可逃,抑郁成为必然。因此他选择自杀,也能理解了。而偷渡客伟力虽在社会的最底层,做苦力为生,但在比较步骤中他看到的却是光彩一片:与偷渡前穷到愿意冒生命危险而偷渡异国他乡的自己比,与多年来朝思暮想把蛇头的债还清的自己比,与仍在还债的其他偷渡客们比,与自己再艰难都洋溢着笑容的低欲望生活比,与没有孩子的人比……所有的比较结果都是成功和欣欣向荣的,就算换了T,也会觉得是幸福的。

9. 别人做老板都OK,但跟自己一起进公司的同资历的同事做了自己的老板,就会让人非常焦虑和不适。

"比"是基因里的,是人类长期进化的结果,是人性,是原点"扩张"因素必须经过的步骤。虽然我们可以选择跟谁比,但是,跟与自己一起进公司的同资历的同事比却是那么地天经地义,那么地无法挣脱。其他人做老板,我们就可以轻松地不选择那个老板做比较对象，而完美回避了。

虽然明智地选择比较对象可以提升幸福感，但比较对象也有可选择的和不可选择的。

生活中很多类似的例子。比如，我们的父母和兄弟姐妹都是天经地义和无法摆脱的比较对象，如果他们在某一方面极其成功，你唯一能做的降低伤害的办法就是从事与他们完全无关的职业或做其他的割断。比如，美国前总统比尔·克林顿的兄弟罗杰·克林顿就选择了与政治大相径庭的音乐，即便如此，罗杰仍然吸毒嗜酒，两次被捕。美国前总统奥巴马的兄弟马克·奥巴马不仅选择了与政治大相径庭的音乐，还选择了经商和做慈善，并且选择了生活在与华盛顿、纽约完全不一样的中国深圳，这几重选择使得他成功地摆脱了本是天经地义的比较，他的人生因此很成功，也很幸福。英国哈利王子就没有那么容易了，他也许永远只能是王子，而按照世袭制，他的兄长威廉王子则是未来的国王，威廉的子子孙孙都是如此。哈利王子下意识地做出许多出格的事情来摆脱与其兄长威廉王子的天经地义又无法摆脱的比较。哈利虽贵为王子，却苦不堪言，日日焦虑，不为别的，只为自己的王子身份。中国历史上太多皇室兄弟间的杀戮，就是在用最无人性的手段去挣扎摆脱人性加在他们身上的比较困境。在富豪级企业家的家里，父子、兄弟姐妹间的类似例子也比比皆是。

哲学家维特根斯坦是钢铁大亨的儿子，妥妥的超级富二代，母亲是作家，也是哈耶克的亲戚，同时还是银行家的女儿。然而，他少年时读书成绩处于中下游（碰巧是希特勒的同学），还企图自杀。后来他师从大哲学家罗素，此后又自愿参军，如希特勒一样参加了第一次世界大战。一战结束后，他满怀热情地去乡下"支教"，又终因忍受不了奥地利"粗俗愚蠢的南部农民"而"辞职"了。教师职业"失败"后，他改做修道院园丁助手。这是富二代的职业生涯！他四十几岁重新回到罗素那里完成了博士论文答辩，做了剑桥大学的哲学教授。然后呢？（本书的最后与读者朋友们见分晓。）他显然选择了与他父亲彻彻底底不同的职业和生命轨迹，只有这样，他才有可能挣脱与父亲的比较，给一个眷顾自己的可能性的幸福结局。

对罗杰·克林顿、马克·奥巴马和哈利王子而言，他们的兄长就是他们幸福的先天"捆绑者"，他们能做的就是割断"比"的绳索，是否幸福就看他们能割断几根绳子。罗杰·克林顿割断的绳子不够，幸福未至。马克·奥巴马割断了好几根绳子,是这三个弟弟中最幸福的。哈利王子最好的割断很显然就是背叛王室,逃出王室,他也下意识地这么做了:与离过婚的十八线女艺人梅根结婚,并远离王室,居住他国。

另外,刻在骨子里的"比",让每个人都"不患寡而患不均",这显然不是什么劣根性,而是深刻在每个人基因里的东西,是人性。"咖啡悖论"也证实了这是人性,是所有人的共性。

我们再来看"抬轿悖论"的两个故事:

故事一 罗素20世纪20年代初来到中国,在去峨眉山的时候,请了两个滑竿师傅抬自己上山。他用好奇又敏锐的目光观察那时还非常落后的神秘东方大国,观察许许多多的日常细节。罗素暗自思忖:这些轿夫一定特别痛恨坐轿的人,大热天的,还要抬着我们上山。或许他们在想,为什么我是抬轿子的人,而不是坐轿子的人?罗素将心比心,大家都是人,以为抬他上山的滑竿师傅很有可能是又累又不开心。到了一个平台,罗素让师傅把轿子停下来休息。罗素在旁边观察了滑竿师傅们的每一个举动和每一个表情。轿子停下来后,师傅们坐在一起,拿出烟斗抽烟,

治愈力：从幸福原点出发

罗素观察中国轿夫，领悟幸福非旁观可知

大声说笑着。罗素觉得很奇怪,他们为什么这么辛苦地做着伺候人的低下工作,还这么开心?所以,罗素在《中国人的性格》这篇文章中推翻了自己将心比心的观点,得出了用自以为是的眼光看待别人的幸福是错误的的结论。罗素以为他自己搞错的地方是由于文化差异,这次罗素自以为是地明白了:他们累的是身体,但思想简单、头脑简单,只要赚钱就很开心。

哎,我能说什么?只能说大哲学家也有幼稚的时候(后文我会证明他的幼稚)。

故事二 一旅游博主在网络上发视频,秀自己在重庆某景区雇滑竿师傅把自己抬上山的事。但此视频发出后,博主立即遭遇网暴。有网友谴责:大家都生而为人,你凭什么花钱践踏他人的尊严?

除此之外,该视频博主还称,他与滑竿师傅攀谈得知,很多年轻人都不敢坐,怕发到网上被人骂。师傅说现在生意不好,一天最多能拉两个游客。

在重庆当地的不少旅游景点,滑竿是一种颇具地方特色的服务。抬滑竿是体力劳动,尤其在炎热的夏天,游客坐在滑竿上固然轻松惬意,但滑竿师傅一定是汗流浃背,那种场景下的"主仆即视感",对比过于强烈,触动了网上一部分人的敏感神经,而这种没必要的敏感正是社会阶层本位所导致的"扩张"受限(被压迫感)。这可能就是游客坐滑竿被一些人谴责的原因。

咱们先来分析故事一。罗素将心比心,猜想轿夫与自己比较必然不开心:"同样是人,凭什么他汗流浃背地抬你?!"从人性"扩张"欲望的角度,貌似罗素的想法是对的,合乎原理的。后来,罗素明白了他们累的是身体,但思想简单、头脑简单,只要赚钱就很开心,听上去合乎情理,但这次,罗素彻底错了!仅这件事情而言,罗素完全没有想清楚,多少有点失去了一个伟大哲学家的水准。让我们来做一个思想实验:假如轿夫抬的是自己的小学同桌,或者是自己事业发达的儿子,费用一样,你觉得他还会在休息时谈笑风生吗?假如轿夫抬的是跟罗素一样重的一块石头,他们一定还是谈笑风生的,对吧!

再来分析故事二。同样是让人抬上山,为什么博主被网暴成"花钱践踏他人尊严"呢?而为什么博主又要发这样的视频呢?前文中的哈利王子,贵为王子,养尊处优,难道比不上抬罗素的轿夫那般幸福吗?

依据幸福原点论,"扩张"获得"证实"是幸福的主要原因，是人性，而所有"证实"都是通过比较来实现的。但是，比较对象可以分为不同的三类："捆绑式"的、"放弃型"的、"可选择"的。从轿夫的角度，如果被抬的是他的小学同桌或是他儿子，这是捆绑式的比较，他在心理上无法摆脱这个比较，因此他一定不会开心，会很痛苦，很煎熬。如果轿夫的小学同桌在其他国家被其他轿夫抬，这个捆绑关系就完全解除了。当轿夫抬的是罗素时，那时的中国还很落后，轿夫没有任何兴趣与一个"洋鬼子"比较，罗素就是一个"放弃型"的比较对象，接近于抬一块石头。一般游客在轿夫眼里是可选的比较对象，但轿夫们选择了这个职业，就选择了放弃这个比较对象。博主的视频在事实上把这个本是可选的比较变成了"捆绑式"的比较，让世人，包括轿夫的亲人、老乡、熟人，都看到了这个"一主一仆"的比较，这当然会牺牲轿夫的尊严和幸福，而且，如果没有舆论压力，博主自己会耀武扬威地幸福一阵子的。也就是说，轿夫抬小学同桌、抬发坐轿子视频的博主，与坐轿者都是"捆绑式"的比较；抬罗素时与其他坐轿者相比是"放弃型"的比较；其他很多情境都是"可选择"的比较或"放弃型"的比较。

让"抬轿悖论"更费解的是假如轿夫抬的不是自己发

达的儿子,而是更发达的某国总统,轿夫会很幸福!如果抬罗素的轿夫知道罗素是伟大的哲学家,他们也会更加幸福的。这与追随希特勒参与战争的纳粹分子类似,都是与"大"人物在一起,做"大"事情。来自人性的"扩张"欲望让轿夫抬"大"人物时很幸福。年轻人追星的狂热现象与此同理。

实际上,社交媒体促成很多人产生了优越感,包括虚假的优越感,比如美颜软件让很多人发布自己美得出奇的身材和脸蛋的照片,这种幸福本质上也是以他人的焦虑为代价的。有人根据相关统计数据分析后认为:社交平台的各种"秀"增加了受众的焦虑,自杀率也因此逐年明显上升。

哈利王子与威廉王子是"捆绑式"的比较,而轿夫与罗素是"放弃型"的比较,因此哈利自觉低人一等,而轿夫丝毫没有这种感觉,哈利王子当然没有抬罗素的轿夫幸福!为了获得幸福,哈利唯一的办法就是去掉捆绑,包括追求非传统的婚姻和辞去王室公职。维特根斯坦比哈利狠,做得很彻底。

由此衍生出一个非常规的观察:命运中非常幸运的那个兄弟仅从公平的角度就天经地义地应该对不幸运的其他

兄弟进行帮助和补偿，因为前者通过"捆绑"无意之中牺牲了后者的幸福。仅仅从公平的角度，威廉王子也应该在情绪上和其他方面谦让于哈利王子，帮助哈利王子，这样才能为自己对对方的伤害给予补偿。我们原谅威廉王子，因为他十有八九不懂这些。

你突然想给睿馨打个电话，问问她哪天去西海岸。你又自言自语道："这可是半夜呀，不才傻子，你想啥呢？"

于是，你继续回答问题。

10. 发明创造和"杀人如麻"都是能让人们幸福的"游戏"吗？为什么？

是的，发明创造和"杀人如麻"都是能让我们幸福的游戏。那位企业家说"世界因你不同"，发明创造和"杀人如麻"都能让世界因你而非常不同！发明创造和"杀人如麻"都狠狠地证实了你的"扩张"，充分地满足了你的人性，因此是非常幸福的游戏。当然，真实世界里的杀人如麻在镜像神经强（同情同理心强）的人看来是无法接受的，因此，电子游戏中的"杀人如麻"因为没有真实的伤害，就很容易给大部分人都带来快乐和幸福。

11. 读社区学院都让人感到那么幸福，读MIT为什么不能带来更多的幸福感？

在幸福原点论的框架内，比读什么大学更重要的是，在你的同伴那里有多大的比较优势。这与问题8里伟力与T的比较非常类似。读者可以做个自我问答。

12. 理性和感性到底是什么？喜欢赌博，为体育比赛疯狂，喜欢在电子游戏中"杀人"的男人们比女人们更理性吗？

维基百科对"感性"和"理性"的定义：感性是人类经由感官，对于某种事物产生直接感觉与情绪的一种能力，是相对于理性的概念，而理性是指人类能够运用理智的能力。它通常指人类在审慎思考各项客观的证据后，以推理方式，推导出合理的结论。

这个定义一点也不深刻，只描述了现象而不触及本质。

我们借用女性与男性所具有的气质差异来讨论一下感性与理性。在我看来，感性是长期进化过程中不断归纳学习而形成的一个智力系统。由于进化的原因，大部分女性的感性系统会强于男性。作为男性，由于其归纳所获得的感性系统相对较弱，就必须从演绎推理中获得弥补，当然，通过演绎推理对已知进行的延拓帮助了男性理解未知，而男性需要在外寻找食物，探寻未知，理性演绎推理也是一种角色需要。归纳（感性）是内敛的、优雅的，而演绎（理性）则是外延的、创造的。因为理性更有能力应对未曾有过的全新现象和未知，理性就具备了对感性渐进修改的动机和能力。这种修改可以被看成是环境变化的新增事实导致的渐进式重新归纳，也可以简单地视为感性系统的自然进化。比如，基因中对"扩张"及"扩张"的"证实"需求是我们感性系统的重要部分，我们所讨论的提高幸福感的方式则是依据理性对我们感性中"扩张"因素的修正。那些拒绝接受任何修正的最顽固的感性就叫"执念"。

你对自己关于理性和感性的独特叙述很得意，这让思绪暂停了下来。你给自己做了一杯浓浓的卡布奇诺，眯着你本就很小的眼睛，美美地呷了一口你心爱的液体，继续写道：

我们不难从常识性观察中发现，男性对"扩张"的需求是更大的，从对问题5和6的回答中，我们知道观看体育比赛、参与得州扑克和玩"杀人"游戏正是受强烈"扩张"欲望驱使而行动的。用虚拟的方式满足"扩张"的心理需求是非常感性的行为。男性相较女性更理性，但与

"扩张"相关的感性则比女性更强,这一点在性、犯罪和战争上都表露无遗。很难想象人类能出一个女版的希特勒,也没有任何一个国家监狱里的女犯人多于男犯人。

13. T和我为什么要做无聊的心算来让人佩服我们?

此题留给读者自行回答吧。

14. T为什么要和我交朋友,就因为我们都是亚洲人种?

以人种为自豪,以家乡为自豪,以家乡的人和事为自豪,以各种分类为自豪(校友、党派、职业、运动、爱好),都是通过"他人"的努力而实现自己的间接"扩张"。这里的家乡可以是一个村子、一个县城、一个省、一个国家、一个大洲。在美国,T和我都是亚洲人,当然就是同乡了,只是这个"乡"有点儿大。

全世界每个国家的绝大部分人都爱国,人性使然,并非如大多数人所想的那么高尚,亦非像爱因斯坦所说的那么狭隘。

15. 为什么会有"彩票诅咒"?

有人说,70%中超级大奖的人会在7年内破产,乃至家破人亡。我们从王尔德身上吸取的教训是:"必须警惕自己的愿望——因为我们的愿望得到满足时往往会发生悲剧。"为什么？人们中大奖之前，一般都有正常的工作、正常的生活、正常的努力、正常的焦虑、正常的幸福、正常的期盼。中大奖之后，为挣钱而做的工作一夜之间变得毫无意义了，所有的朋友也已经变得没有意义了，也就是说，除了钱之外，其他通过"己事"和"他人"的"扩张"通道瞬间全部关闭了，许许多多通往幸福的小桥一夜之间全断了。每天清晨起床突然不知道该干什么事情了，未来的期盼又是什么呢？于是，只能从花钱中找到意义，找到"己事"的意义和与"他人"的比较结果，不断更快地花钱似乎成了生命中唯一有意义的事情，这样加速度地花钱必然走向破产。有没有人间清醒之人？继续上班？把钱捐出去一些做能够持久的事业？或者学习新知识并改行？一定有，他们就藏在剩下的那30%的人群中。

不少顶尖运动员也难逃厄运，退役前来自"己事"和"他人"的幸福值都非常高，退役后要么成功转行，要么就只能靠不断花钱获得幸福感，甚至直到破产。年少成名的明星如果不能保持光环，抑郁的概率是非常大的。

16. Cathy的儿子幸福吗？为什么Cathy的儿子给爷爷留电饭煲开关任务能给爷爷带来快乐？

Cathy做厨师的儿子非常幸福！小时候的过家家与成年人去体育比赛现场看比赛、赌博、看话剧都是一样的，感受自己并不在其中的生活，间接地"扩张"生命的存在。看历史（时间上向过去的"仿真扩张"）、看科幻（时间上向未来的"仿真扩张"）、电子游戏（杀人的"仿真扩张"）、在真实世界里获奖、家人对其厨艺的赞赏和享用，哪一样不是幸福？

老人和婴儿都像成年人一样有"扩张"的需求，但他们能力有限，如果其他人设计一些简单的任务让他们完成，并报以赞赏，这便是"扩张"被证实，他们是非常幸福的。Cathy的儿子让爷爷操作电饭煲开关，是一个非常高级的关怀，能给爷爷带来每天的快乐和持久的幸福。他懂人性。

17. 信仰是什么？爱是什么？爱与幸福是什么关系？

这是一个巨大的话题，就我李不才的能力也只能蜻蜓点水了。

比较肯定的是人性中对于爱和被爱的双重渴望。爱，一言难尽，万卷难书。古希腊人把爱主要分为六类：性爱（eros，或爱情），亲爱（storge，指血亲之爱），天爱（agape，上苍对生灵、生灵对上苍的无条件的绝对无私的爱），友爱（philia，或喜爱，指朋友之间的爱，也包括对事物的热爱，对职业的热爱），自爱（philautia，自怜和自尊），客爱（xenia，对客人的爱）。

性爱、亲爱和自爱，来自基因自我生存和复制的欲望，更多是来自"生存"因素，也有"扩张"的成分，因为基因最大的"扩张"就是复制自己了。友爱、天爱和客爱来自"扩张"因素，"扩张"是人们通过"他人"和"己事"与环境发生关联并通过关联关系获得"扩张"结果的"证实"。

爱是你与世界最强的关联，爱与被爱是你与世界双向最强的关联。

倒过来想更清晰：假如我们与世界没有了关联（绝对意义上的孤独），"扩张"就完全没有可能通过"他人"或"己事"获得"证实"，幸福也就彻底无望了。关联犹如通往幸福的桥梁，爱与被爱是最强的关联，也就是通往幸福最宽敞的桥梁。因此，绝对的孤独是非常可怕的，因为绝对的孤独切断了任何"扩张"的可能，来自第二个原点的幸福被清零了。叔本华和尼采的孤独还不一样，他们喜爱思考，通过"己事"获得"证实"的部分很强，因此幸福仍在。但是，他们在作品里谈享受孤独就有点奇怪了，真正享受孤独的人怎么会迫不及待地通知他人自己享受孤独呢？尼采写了一本自传，光看目录就知道他人难以超越。"第一部：为什么我这么有智慧；第二部：为什么我如此聪明；第三部：为什么我能写出如此优秀的书。"尼采在他自传中说，他在写完《查拉图斯特拉如是说》后，有几年过程非常难熬，太寂静了，太寂寞了，他还出现身体反应，消化不好，发冷，没有生活的激情，不愿意运动。他做了一些解释，我真不以为然。《查拉图斯特拉如是说》是尼采最精彩的作品。在创作自己最精彩的作品时，来自"己事"的"扩张"的"证实"是非常强大的，这带给尼采巨大的幸福。一旦大作完成，突然的落差、空虚和孤独带来的不幸福一定也同样是巨大的。请问尼采大师，是这样吧？

爱与被爱构建了我们与人和事最强大的关联，让"扩张"的"证实"畅通无阻，爱与被爱理所应当带来最大的幸福！

其中，性爱（爱情）因为直接关系到基因的复制，是这六种爱中最强烈的，也因此成了诗歌、小说、电影、歌剧和音乐的主要内容。人类历史上有许许多多轰轰烈烈的爱情故事。比如，有这么一个故事：

卡扎菲是利比亚独裁者。自1970年6月，美国中央情报局就开始暗杀卡扎菲，一连六次派遣刺客暗杀卡扎菲均以失败而告终！执行第七次暗杀卡扎菲任务的是一个名叫莎菲娥的美丽女人，她是接受过各种严格训练的非常出色的特工人员。经验丰富的她在一个离卡扎菲非常近的距离上，干净利落地抽出手枪对准卡扎菲……正在敬礼的卡扎菲恰好侧目望了她一眼，她扣动扳机的手微微颤抖，一刹那，她竟然犹豫了。随之，她被警卫制服了。卡扎菲竟然还亲自提审了莎菲娥："你为什么要暗杀我？"莎菲娥看着他平静地回答："我是中情局特工，我的任务就是杀你。"卡扎菲直视着莎菲娥美丽的眼睛，追问道："那你为什么没有下手？"莎菲娥低下头："因为……因为我爱上了你！"卡扎菲静静地看着莎菲娥，眸子也温润起来。

一星期后莎菲娥和卡扎菲正式结为夫妻。这是伟大的爱情？婚后，两人情投意合、形影相随。莎菲娥还组建了卡扎菲的女子卫队，这些女子保镖个个美丽绝伦、武艺超群，使卡扎菲躲过了多次政敌的暗杀。爱与被爱是所有可能的关联中最强大的关联，因为太强，反而容易断，特别是断了也非常痛，非常具有破坏力！德国诗人海涅说："心里有爱，就会被弄得半死不活。"对男女之爱，尼采更彻底地说："如果一个完美的女人爱你时，她一定会把你撕得粉碎！"佛教徒们为了追求幸福、追求信仰,把与个体的爱的强关联变成了与众生的爱的弱关联,弱关联就没有爱的"反噬"了。

你的思绪停顿了一下:"为什么睿馨的酒窝老在跟我打招呼?"你有点"蒙圈"。

"哎,还是继续写吧!"你使劲晃了晃自己的大脑袋。

18. 戴安娜王妃几乎拥有女人们羡慕的一切:金钱、地位、美貌……为什么会郁郁寡欢?

没有错,金钱、地位和美貌在一般意义上都是与幸福正相关的,当然,其相关性在高处是趋于饱和并减弱的。婚姻之中的任何人与二人世界里的幸福在很大程度上是独立于外部世界的,金钱、地位和美貌都是外部世界的。而作为一介平民,与一位王子相处几天便会知道是如何憋屈,以至于从外部世界所获得的幸福完全不足以与之抗衡。

19. 极限运动的动机是什么?为什么又只有少数人喜欢?

极限运动在很多方面给我们带来幸福。幸福原点论告诉我们幸福原点有两个因素,一个是"生存",一个是"扩张"。在"扩张"方面，极限运动带给我们"己事"和"他人"两方面的"扩张"，使我们必然获得巨大的幸福，但极限运动自带的危及生命继续存在的可能性则是与"生存"因素相冲突的。于是，极限运动的净幸福值就取决于每个个体加在两个因素上的相对比重了，即所谓的价值体系。举例说，如果某人的"生存"比重较大，"扩张"比重较小时，即不太在乎出人头地又比较怕死，他就会尽量避免生存风险，不会参与任何极限运动。反之，非常在乎出人头地又不太怕死的人就会玩命，因为命对其来说不是那么重要，万人瞩目才是最重要的。如果太多人愿意玩命，玩命的人就不会被万人瞩目了，极限运动在"扩张"上的幸福价值会因为参与者众多而迅速下降。因此，极限运动就只能留给极少数有英雄主义情结的个体，也就是"扩张"的比重比"生存"的比重大很多的那些个人了。战争中的英雄也具备同样的价值观："扩张"比"生存"重要得多！

20. 玩得州扑克、看NBA、赌球让人们热血沸腾，马斯洛的需求理论无法解释这些现象，是人们的堕落，还是马斯洛需求理论的不彻底、不完整或不系统？

美国心理学家马斯洛，以提出需求层次理论而闻名。

"需求层次理论"有五阶版本和八阶版本,马斯洛并没有就其理论做实证研究。

五阶需求为:生理,安全,社交需要,尊重,自我实现。

八阶需求为:生理,安全,归属与爱,尊重,认知,审美,自我实现,超越。

如果我们只认真理,只追求真理,那么权威就应当被质疑、被挑战。这至少是我给自己大胆挑战马斯洛的一个可以下来的台阶。

马斯洛的需求层次理论无疑是影响巨大的。其与幸福原点论相比较,有几点值得关注:

(1)需求层次理论是通过归纳观察到的各种现象并演绎推理得出的理论框架,而幸福原点论是从公理推导出来的,以演绎推理为主,观察到的各种现象只是旁证。

(2)需求层次理论没有实证研究,幸福原点论目前也没有实证研究,但具备未来做这方面研究的可行性,只是因为涉及面太多,项目必然庞大。一个可行的办法是在各个不同的领域分别研究。

(3)需求层次理论不完整,比较零碎,不够系统,比如,无法解释本问题中的人类行为,而幸福原点论则可以解释几乎所有人类行为和社会现象。

（4）马斯洛从各种现象里寻找规律，追溯背后属于人类物种的本性动机，即人性，当他追溯到所谓的几层需求之后，并没有继续深究。无限地追究下去也许能找到无法再追究的最底层的东西，那就是不慧的人性原理的两个公理：生和死。如果说马斯洛找到的是分子，不慧找到的不是原子，而是夸克。

打得州扑克、看NBA、赌球让我们热血沸腾，这是人性之必然，是用幸福原点论可以轻松推导出来的。人类的这些行为当然不是堕落。当原点论中的"生存"因素随着社会进步而逐渐趋于饱和时，原点论中的"扩张"因素就以五彩斑斓的形态彰显其对人生意义的诠释和实现。"饱暖思淫欲（'扩张'），饥寒起盗心（'生存'）"，说的就是原点驱动下的人性。

打得州扑克、看NBA和赌球都是通过仿真游戏实现"扩张"来获得幸福。其实，打得州扑克、看NBA和赌球在道德层面也是非常正面的，因为这些行为没有对他人造成任何伤害。马斯洛把这些他无法解释的人类行为归类于"堕落"或是"表达性行为"，其实是其需求层次理论的不彻底、不完整和不系统。

人类历史上"扩张"最成功的那批人里,我们会看到亚里士多德(哲学)、铁木真(武力)、牛顿(科学)、耶稣(宗教)、孔子(思想)和华盛顿(政治)等等。

NBA的成功靠的是民众在"仿真扩张"欲望上的共鸣,民众付出了时间和金钱,获得了比付出那点金钱大得多的幸福。希特勒同样靠的是民众的欲望,部分民众为此付出生命,很多德国民众也在此过程中获得了狂欢般的罪恶"扩张"。LV(路易威登)的老板成了世界首富同样是靠民众的"扩张"欲望,民众付出了可观的金钱,当然也靠显摆和炫耀换取了"扩张"的幸福。男人们花几千几万美元买NBA的场边票,女人们花几十万人民币买名牌包包,人性如此,无可厚非。

21. 人们真能享受孤独吗?

不少哲学家,如尼采和叔本华,都声称自己享受孤独。的确,孤独且产生卓越思想的过程无疑是令人享受的,但其实你的幸福来自"己事",即你产生了卓越的思想,而孤独本身不能带来幸福。当你的思想卓越到一定程度时,周边无人可以交流,孤独便成了一个必然的后果,而这个后果也在提醒你,你的思想"比"他人的思想强太多。与人沟通、享受尊敬、刷存在感都是我们寻求幸福的密码，人性使然，是每个生灵与生俱来的，没有什么好害羞的。这也是为什么尼采和叔本华一边在说"享受孤独"，一边毫不犹豫地选择了著书立说，扬名立万。

22. 现代社会，丰衣足食的人们为什么有那么多五花八门的焦虑？严重的焦虑会导致自杀吗？这与社会上的他杀比例有关联吗？

这些林林总总的焦虑，比如，社交焦虑、KPI焦虑、住房焦虑、身材焦虑、油腻焦虑、发际线焦虑、考试焦虑、朋友圈焦虑、睡眠焦虑、就业焦虑、财富焦虑、容貌焦虑，等等，可以归为两大类："生存"焦虑和"扩张"焦虑。

表面上，KPI焦虑、住房焦虑、身材焦虑、油腻焦虑、发际线焦虑、考试焦虑、睡眠焦虑、就业焦虑和财富焦虑都是与"生存"有关的，究其本质，除了睡眠焦虑，其他几乎都是'扩张'欲望带来的焦虑。比如住房焦虑就是典型的装扮成"生存"焦虑的"扩张"焦虑。现代中国社会，不太可能因为身无居所让生命无以为继，人们焦虑的是买房或租房，房大或房小，学区好或坏，城里或城外，房贷多少的压力，甚至有没有海景等，这些本质上是与"扩张"

相关的因素。财富焦虑更是如此,用"财富自由"代替"生计保障"是在任何社会都行不通的荒唐概念。从主观和客观两方面"证实"个体"扩张"的结果是减缓焦虑的唯一途径。

一个我们不愿意承认和接受的事实是,我们大部分人完完全全不是在为生计奔波,为生计奔波只是一种错觉而已。几乎所有人都有这种错觉,这种错觉是好东西,它帮助我们获得幸福和生命的意义。不信的话,试一试做一个年薪50万,却绝对无所事事(完全无事可做,无事可想)的门卫,至少工作10年,有人愿意吗?事实上,就算你愿意,以重度抑郁收场会是一个大概率事件。我们现在手头上做的"忙于生计"的事情,很可能正是我们喜欢做的事情。而做一个50万年薪却无事可做的门卫,真的就是一种"忙于生计"的状态,并无任何"扩张"层面的意义,但我们不喜欢到无法忍受,我们不会愿意去做纯粹忙于生计的工作!这就是错觉。

许多战争同样是表面上看为了"生存",实际上也都是精神需求。希特勒要霸占半个地球与德国人的生计几无关系,与希特勒个人的生计更是无关。战争本质上是人们个体精神需求的另一种形式。古希腊哲学家认为战争和爱是需要不断交替的。是啊，完全没有斗争的人类就像无所事事的门卫，多无聊呀！

　　有一个困扰了我好久的亲身经历或许能对"生存"需求的错觉说明一二。我如大部分人一样，希望自己的住处面朝大海、春暖花开。有一年，我有幸搬进了一个宽敞的海景公寓，躺在床上向窗外望去，除了海景，就只有天空和日出日落。我很开心很兴奋，每天都比太阳早起半小时，让日出的光照在身上，心里暖洋洋的。傍晚时分，伫立窗边，让晚霞把无际的世界带进我的思绪。第一周，天天如此；之后一个月，这种行为隔三岔五进行着；三个月之后，偶见日出，却感光辉不再，夕阳洒在身上，感觉与尘土无异，再无兴奋。一年过去了，海湾的景色如同一幅在墙上挂了几十年的油画，耐看，但我视而不见了。只有当家里来了第一次造访的客人时，我才被短暂地拉回住进来第一天的感觉中。我在想，如若不是真实的海景，而是一幅巨大的风景照片，在视觉上是没有多大区别的。如果把整个墙面做成一个巨大的可编程屏幕，风景的质量和丰富性都会比真实海景好很多。

　　住进海景房与"生存"唯一的关系就是成本高，对"生存"的贡献微乎其微。于是，我搬走了，很高兴地搬走了,心里边的那份来自认知提升的满足感却愈来愈高了。

我把这个故事叫作"海景悖论"。

自杀率在一定程度上代表了一个社会整体的焦虑程度。一个引人思考的现象是自杀率与他杀率并不是正向关系,甚至在有些国家呈反向关系,比如韩国的年龄标准化自杀率(每10万人口)达到21.2之高(WHO),他杀率为0.6之低,而墨西哥自杀率为5.3,他杀率为28.4(联合国毒品和犯罪问题办公室)。虽然这是一个非常复杂的社会学、心理学和文化的综合问题,我的一个猜测是,当一个社会的自由度低时(法律和文化都会约束自由度),焦虑增加,自杀率变高,他杀率变低,反之亦然。中国近几年大城市的自杀率上升是一个非常需要关注的社会问题。

夜已深了,到此,你李不才用幸福原点论(人性原理)解答了昨天让你左思右想的22个疑惑。你很得意、很充盈、很释然、很满足、很幸福。

你望着窗外的天空。市郊不太强的灯光还是有点遮蔽了本该有的满天繁星,只能看到一些稀稀拉拉的小星星,你像小孩子一样认真地数了起来,本已收拢的思绪也像半明半暗的夜空中的云一样,慢慢地扩散开来。是啊,还是有一些更深层的疑惑，你开始了长长的独白：

疑惑一

是道德层面的。如果人性都是一样的，每个个体都天经地义地追求幸福最大化，并通过保证自己的"生存"和各种真实、虚拟的"扩张"，然后通过"证实"来实现。那么善恶是什么？英雄是什么？罪犯是什么？

胡适先生说："人性最大的恶：就是恨你有，笑你无，嫌你穷，怕你富。"初听非常有道理。让我们做一个简单的逻辑推衍（思想实验）：最大的善应该与最大的恶相反，以胡适的话为基础推理，人性最大的善就是恨你无、笑你有、嫌你富、怕你穷。这就不合理了！所以，胡先生貌似有道理的说辞也是同样荒诞滑稽的。

"咖啡悖论"揭示的是：所有人都"恨你有"（排队15分钟买到咖啡却因后来的人无须排队而郁闷）、"笑你无"（排队30分钟买到最后一杯咖啡却因其他人买不到而幸福无比）。男人、女人，君子、小人，黄种人、白人、黑人，基督徒、哲学家、科学家、出家人、总统、乞丐，你、我，大都如此，因为都是人，都具备人性。

从幸福原点论出发，每个人在追求幸福的出发点上是

● ● ● ● ● 治愈力：从幸福原点出发 ● ●

面包房里的善与恶

一样的，因此，善恶就是同"原"的。"恨你有、笑你无、嫌你穷、怕你富"就是每个人骨子里的东西，不是恶，更不是最大的恶，也不是善，只是"原"。"咖啡悖论"就是善恶同"原"的一个强有力的实证。

那么又如何从这个"原"里面分出善恶呢？我们来看关于面包的四个故事：（1）富人的面包房送给流浪汉一个面包；（2）流浪汉从富人的面包房里偷了一个面包；（3）富人的面包房抢了流浪汉一个面包；（4）流浪汉送给富人的面包房一个面包。

我们一个一个分析一下：

故事（1）富人的面包房送给流浪汉一个面包，这是既被鼓励也经常发生的事情，是善。富人通过赠予，使自己物质方面的利益小小受损，但这种"小损"是伴随着包括流浪汉在内的公共幸福[1]变大的。这种行为一般都会被社会推崇与颂扬，而这种反馈的被"证实"会使富人个人的"扩张幸福"也变大了。另外，在神经科学里，每个人都有镜像神经元，即"感同身受"的神经元，感同身受的镜像神经元把公共幸福的增加转化成了自己幸福的增加。这种

---

1. 公共幸福："公共幸福"是受功利主义哲学启发形成的概念。所谓"公共幸福"，就是整个社会所有成员的幸福之和。

情景里,富人虽然自己的"生存"物质少了那么一点点,但通过"扩张幸福"的增加和"镜像感同身受的幸福"增加使得自己的整体幸福增加了。所以故事(1)是一个自己的幸福变大,公共幸福也变大的情景。故事(1)背后的原理也是慈善存在的根本原因。当然,故事(1)里的富人在自己的"生存幸福"(-)、"扩张幸福"(+)和"镜像感同身受的幸福"(+)三者上的权重会因人而异,也因文化和社会环境而异。因此,每个富人做慈善之愿望和行动的强弱也就不一样了,但最终结果都是让自己的幸福在公共幸福变大的同时也变大了。换言之,这里的富人造(幸)福于他人也造(幸)福于自己。

故事(2)流浪汉从富人的面包房里偷了一个面包,流浪汉的生存幸福因为饥饿的缓解而变大,流浪汉"镜像感同身受的幸福"即便有损失也相对较小。流浪汉因为损害了他人利益而产生负罪感并受到道德谴责,这会导致流浪汉损失幸福,而损失多少则因人而异(与每个人价值观或原点上两个部分的相对权重有关)。他之所以偷,是因为他的整体幸福("生存幸福"变大+"扩张幸福"变小)还是变大了,而富人的"生存幸福"变小了一点点,最终,两者之和,即公共幸福,变大了。这种情况在很多社会都是被接受的。

故事（2）可被很多社会接受的真正原因是富人和流浪汉的幸福之和，即公共幸福，变大了。也就是说，一定程度的损人利己且使公共幸福变大的行为不被鼓励但可被接受。不被鼓励的原因是这种情景动摇了现代社会的法律根基：无人有权侵犯他人利益。更仔细地分析会发现，被社会接受的程度与公共幸福变大的比例有关。假如流浪汉是因为天灾人祸变成了流浪汉，且三天没吃饭了，他在奄奄一息的情况下偷了面包房的一片面包来续命，公共幸福变大的比例是非常大的，几乎所有的社会都会接受也都应该接受他的行为。假如流浪汉好吃懒做，身强力壮，却以偷盗面包房的面包为生，那么社会不会也不应该接受他的这种行为。假如你溺水了，紧张自救的过程中无意弄坏了小船的一块船板，几乎所有人都会接受你的行为；而假如你是怕自己的鞋子被弄湿而刻意弄坏了小船的一块船板，你被判拘留都有可能。

故事（3）富人的面包房抢了流浪汉一个面包。这就是典型的弱肉强食，虽时有发生，但却当然地被我们的文化鄙视为"为富不仁"。这个情景下，富人让自己"生存幸福"变大了，但公共幸福大幅度变小了，而且也同样动摇了自由社会的法律根基。这种"富劫穷"之所以发生，是因为故事（3）中富人的社会价值权重太小和感同身受的镜像神经太弱了。读者应该注意到，故事（3）与故事（1）是完全相反的情景。将这个情景稍加引申就会发现：一个利润丰厚的企业与员工斤斤计较，也应该归入"为富不仁"之列。

故事（4）流浪汉把自己的一个面包送给了富人的面包房。这是不太可能发生的事情，是傻瓜行为，因为它让流浪汉自己的幸福和公共幸福都变小了。

故事（1）（2）（3）都是让自己幸福变大的，而（4）是唯一让自己幸福变小的，因此在道理上和现实中，故事（4）都不成立。其中（1）和（2）的公共幸福也是变大的，而（3）的公共幸福是变小的。

常识意义上（1）是善的，（2）是善恶难辨的，（3）是恶的，（4）不可能发生。善恶同"原"，因为（1）（2）（3）都是让自己幸福变大的。之所以（1）和（3）都会发生，是因为面包房的富人老板在"生存"和"扩张"上的权重因人而异，也就是价值观不同。

人之初，性本善或性本恶，都只是假设，理由不足。

现实中有些极端的案例。有报道称一个看护老人的阿姨为了上一两天班就能获得一个月的看护费，而伤害了老人，被重判。为小利而严重伤害他人的行为使得总体公共幸福严重受损，在道德层面与故事（3）有些类似，公共幸福损失越大且行为人的利益越小，恶性也就越大。

我们在这里得到的结论是"善恶同原"，这个"原"就是人类的进化导致我们的基因里必然存在的个体幸福最大化的算法，也就是不慧提出的"幸福原点"："生存"和"扩张"。

个体之间有无善恶之别呢？有。个体之间的善恶区别来自三个因素：

（1）个体基因的幸福算法中"生存"和"扩张"两因素的权重不同。虽然权重的不同有来自个体基因的差异，但家庭与社会环境对这个权重的影响是决定性的。

（2）社会文化对公共幸福增加的重视程度。

（3）镜像神经的强弱。例如希特勒的镜像神经（同情心或善良神经）一定是比较弱的，且"扩张"部分的权重是非常大的。

还有一个使我震撼，并产生观察和思考的推演是：所有被社会认为善的行为都是使公共幸福变大的行为，所以一个对社会整体有害的行为当然就不是善了。如果把除行为人之外的整个社会想成另一个个体,这个个体也有追求幸福的欲望,那么对行为人善的定义难道是整个社会这个个体的欲望所致?直白一点,我们越赞扬他人的不自私,我们就越自私!我们喜欢英雄,一定是因为英雄为了我们的私利而牺牲了自己的私利。这种喜欢和颂扬也就是自私的了。逻辑上有点诡异,但也是顺畅的。文明的全部内容就是通过合作的协同效应让整个社会变得更好。从这个意义上看,善让整个社会的幸福变大,是文明的一部分;恶则是与文明相悖的,是野蛮。

我们不妨细看一下希特勒。希特勒热爱艺术,对歌剧(自己创作过一部歌剧)、绘画和建筑都很有兴趣。这些属于人类文明的最为美好的部分给希特勒带来的是"扩张"的满足和幸福。发动第二次世界大战,用武力杀戮同样也给他带来"扩张"的满足和幸福。前者为善,后者为恶,都来自原点中的"扩张"。善恶明显共生于希特勒一个人身上,也算是另一种意义上的"善恶同原"。

尽管希特勒与常人相比,镜像神经要弱得多,但镜像神经带来的同情心照样折磨他到神经衰弱,不得不靠兴奋剂维持日常。可以佐证这一点的是:希特勒认为天才是不应该有后代的,理由是后代(1)可能是智障,(2)没有

●● 第三章 解惑 ●●●●

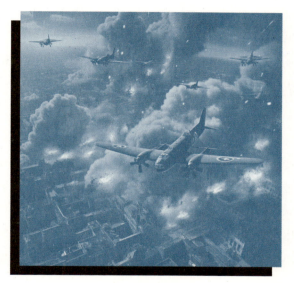

作战中的战斗机

机会做普通人，不会幸福。这第（2）点就是因为希特勒虽然通过"扩张"获得了幸福，但他的镜像神经（善良神经）仍让他非常不幸福。

希特勒当然是恶魔，对人类和人类文明犯下滔天罪行，但善与恶的生发动因却出自"扩张"一孔。

以希特勒为例，是便于人们对"善恶同原"的理解。其实任何人的善恶都是因人类基因"生存和扩张"之原点而起。

疑惑二

是社会结构层面的。就幸福原点的两部分而言，"生存"更多指向物质层面，"扩张"更多指向精神层面。

幸福原点中的"生存"部分对应于经济活动，经济活动的结果分配也影响到个体"扩张"的社会分布。人类文明通过资源的优化配置大大提高了人类生产力，从而让物质高度丰富，让全人类的"生存"变得轻松多了。当然，财富的过度集中会部分减少整个社会来自"扩张"意义上的幸福。因此，实现机会均等（包括消除各种歧视、均衡分配社会资源、实施高额遗产税）和在结果上做一定平衡（一定程度的等级税制、适当的社会保障、有限的全民医保等）都会让物质层面的公共幸福最大化。

"幸福原点"中的"扩张"部分对应于非经济活动，特别是公共权力的分配。实现公共幸福最大化的权力分配应该是绝对自由平等的，这一点非常难做到。美国的两党政治看似民主，而在政治现实中，两党之间的斗争经常完全背离人民的利益，经常是为了反对对方政党而集体投反对票，这与人民利益和对公平正义的追求是相矛盾的。

我李不才的这些想法显然有些简单化了，但幸福原点和公共幸福最大化的目标是应该能为现代社会结构设计提供一些框架性的帮助的。

我们知道幸福原点里"扩张"的欲望是基因里的，是善恶之"原"，是人性之根本，也是无可厚非的，更是社会进步的原动力。但对于文明社会，我们必须有结构上对于无限"扩张"的制衡，只有这样，第二个希特勒才不会冒出来。目前，人类对于无限"扩张"的终极制衡是武力、是战争，是使用可怕的核武器，而武力、战争和核武器又给无限"扩张"创造了机会。

更好的文明结构是什么？我李不才和他张不慧两个人加起来也只有能力提出疑问，无力作答。"希望上天赐给我一个长梯，我就可以随时从我的井底爬出，一直爬到天上，看宇宙的全部,再回到井底,把我看到的一切告诉我的同人,哪怕被他们鞭打!"

疑惑三

是人类物种的未来进化。我们理所当然地提出如何让每个人幸福最大化和让公共幸福最大化的问题。但当"生存"逐渐有了足够保障,个体幸福也获得大幅提升之后,这对人类物种是否有更长远更深沉的意义呢?

在1947年,美国生态学家约翰·卡尔霍恩(John Calhoun),为了研究一个关于人口密度的课题而进行了一项实验,叫"25号宇宙"。实际上,卡尔霍恩设计了一个老鼠的乌托邦,所有老鼠"衣食无忧",从四对老鼠开始试验(初始"人口"),设计的"无忧无虑"容量是3800只。在完美的生存条件下,老鼠快速繁殖,一段时间后,老鼠总量增加到2000只,也就是总容量的一半多一点时,老鼠生育欲望开始下降,总量随之不断下降,直到全部消亡。在总量达到高峰过程中,老鼠越来越聚集在几个小区域,而其他地方却逐渐变成了"无鼠区"。随着老鼠的不断聚集,莫名其妙的"心理"压力使得老鼠的生育率不断下降,越来越多的新一代的老鼠选择躺平,最终导致全部老

第三章 解惑

25 号宇宙：从生存到繁衍，再到消亡

鼠的消亡。

这个实验的前半程与人类近代的繁衍变化是何等相似！人类人口暴增→生产力提高→基本生存更有保障→城市化和人群聚集的超大都市圈→莫名其妙的"生存压力"→生育率下降。生育率下降是现代社会的一个重要特征，能找到的原因是由于"生存压力"太大，于是各种"躺平""啃老族""丁克一族""宅人"层出不穷，对生育下一代兴趣淡然，甚至机体生育能力也有所下降。不管是全世界的不同国家，还是一个国家的不同地区，一般规律是生存条件越好的地方生育率越低，都市圈集中度越高的地方生育率越低。例如，中国香港和韩国的生育率是很低的，而生育率最高的前十个国家竟然都是相对贫穷的非洲国家。原来，"生存压力"在某种程度上是臆想的，是个幌子。

难道"25号宇宙"真的预示了什么？一个日趋完美的社会最终会把人类引向消亡吗？

关于幸福的理性思考或许能通过对我们感性系统的修正来提高我们每个个体的幸福程度，也能够提升公共幸福，可这对人类物种的未来意味着什么，却是我们不得而知且担心的。一个可怕的结论是：善和公共幸福让人类退化，恶和弱肉强食让人类进化。这么一想有点糟心，我不想再往深里想了。

其实,把思考和疑惑写下来不光是你多年的习惯,也是为了心灵有暂时的安放。

天快亮了。你极少这么放纵自己,通宵达旦的,可这次真不怪你。正准备睡一两个小时,睿馨打来电话。

"不好意思,不才大哥,这么早。我改了行程,今天一早的航班去洛杉矶,已经登机了,就想跟你道个别。"

你像丢了什么重要的东西,心里慌慌的。

"哦……纽约的天气这么好,还有美食……哎呀,睿……"

"不了,我怕把心搞丢在这里了,再见!"没等你反应过来,睿馨急促地挂了电话。

她好奇怪。

"Hello, hello……"

可见,睿馨是非常感性的,又是失恋后的女孩。

"嗨,都怪那酒窝和我的基因,想啥呢?还想复制呢?"你对自己嘟哝了一句。

就在这个时候,不省心的闷砣子大卫·刘打来电话,你和他交换了一声"Hello"后,双方便掉进了短暂的沉寂。大卫用压抑着的"呜呜"声打破了沉寂,开始了他艰难的一字一字的叙述。

大卫的委屈显然不光是因为一般的夫妻不和睦,更是源于自己在琳达患癌期间那么巨大的纯情付出。那天,他本想决绝地与琳达同归于尽,但看着两个熟睡的孩子,抽泣了一两个小时后,改变了主意,默默地离开了家。

听得你一身冷汗,还好大卫只是选择了离开家!挫败感迎面袭来,你可是劝说大卫与琳达和好的"高人"!

你刚刚安放起来的灵魂被睿馨和大卫·刘拽了出来。你有点迷惑了,幸福原点论能解释爱,但能解释爱衍生出来的躁动和痛不欲生吗?

你给自己倒了一杯白兰地,打开了爵士乐,无力地靠在了沙发上。

你好累好累地睡着了。

第四章
绾结

// 我：我不敢说这是结论，因为我的灵魂就是质疑。
// 你：质疑就是为了寻找结论。

● 睡了9个小时的长觉，你一醒来已经是下午了，迫不及待地给我打来电话，讲了周六的全部故事，还转来了你与他张不慧讨论的录音以及你的22个问题和解答，这数字22不会是你刻意的吧？还有，睿馨那部分隐瞒了多少？

你知道我是一个实用主义者，所以你希望我写一个实用的能让所有人轻松受益的结论一样的东西。

"太可以了！"我说。

借用你和他的思考和讨论，加上我自己的一点点不一样的认知，凑成这本书的目的就是通过人性原理让我们认识的和不认识的朋友们在不做太多努力的情况下，删除生活中大部分焦虑，自由地呼吸无所不在的幸福。

站在你和他这两个有点高度的"巨人"的肩上，让我来做结论性的表述，我的心情是感恩、轻松和喜悦的。感恩你和他的精彩思考，在此基础上做总结是何等轻松的事情！我是想把以上的原理诠释为实操步骤，当我意识到这些实操细节可能给读者朋友们直接带来终身幸福的提升，不喜悦也很难！

"不才兄，但我不敢说这是结论，因为我的灵魂就是质疑。"

"你爱叫什么就叫什么，也请知晓：质疑就是为了寻找结论。"

好吧，那就绾个结吧。

我也喜欢思考，但比起你和他，我的思考简单多了，只会用生活化的语言去说生活化的事情。可我很自豪，我也有理由自豪：我的思考比你们朴素甚至简陋，但我的实用。

我没有急着绾那个结，而是给了自己一个慵懒的下午，把自己和几罐啤酒丢在一个只有鸟声和蒲公英的草地上。阳光缓缓地洒落在我有点风霜的脸上，润润的微风慢条斯理地梳理着我不需要梳理的短发，在我耳边留下那柔软的一丝缠绵，我轻轻地半闭着双眼，微醺的我没有忘记告诉自己的呼吸："呼吸，请您轻一点，不要打扰到您的主人。"似梦非梦般，我回放了几十年的人生里散落各处的触动瞬间和飘逸在过往的点点滴滴。有中学第一次站在领奖台上的自豪，有跨洋过海的兴奋，有救助了上百位病童之后的满足,有小时候过生日时接过妈妈偷偷塞过来的一颗鸡蛋时双手的颤抖,有背着书包、流着鼻涕把从篱笆上采下的蓝白相间的牵牛花抛向空中的喜悦,有在冰冷刺骨的小河里抓到了两斤重的鲢鱼时的成就感,有在成千上万的人面前演讲时的激动,有第一次亲吻姑娘时的不知所措,有在他人给了满满一碗糯米饭后的风卷残云和终生的感激,有第一次做父亲时的忘我,有在与死亡擦肩而过后重回人间的淡定,有爬上并不太高的山巅上的狂吼,有给女儿梳辫子时发自内心的温柔,有洞见这个世界一点点真理时的癫狂,还有很多很多。有多少次那么倾心地喜欢冬雪的洁净和鸦雀无声,那么雀跃地与春天一起手舞足蹈,那么热烈地拥抱夏天催生出的酣畅淋漓,那么温情地对着秋的落叶述说心底的思念。越回忆越多,我的心满满的,都装不下了!

明白了!这些就是幸福,就是人生的意义。

你看,人们努力读书了,努力工作了,努力创业了,努力挣钱了,努力当官了,努力创造了,努力爱别人了,努力养育了儿女,甚至努力写书了,或者就算什么努力都没有做,假如不能更幸福,假如每天焦虑,人生不就全部归零了吗?!至少是白来这世界一趟了,浪费了生而为人的幸运。我要把你的思考和他的智慧变成易懂易记易操作的步骤，方便读者朋友们轻松地把幸福的原理用到日常生活中，做正确的选择，不断地修正感性，养成更轻盈愉悦的习惯，把日子过得一天比一天精彩、一天比一天幸福、一天比一天值得、一天比一天绚烂。

请允许我重复一遍枯燥的原理。

> 幸福原点论（人性原理）：基于生命之偶然诞生和必然死亡的公理假设，推导出人类基因里自带的生命意义和目标：幸福最大化！幸福的原点是"生存"（健康、生计）和"扩张"（通过"他人"和通过"己事"）加权之和。"扩张"可以是真实的、仿真的、虚拟的，但必须通过比较获得"证实"。

我在草地上回忆的半辈子的美好和幸福其实也都是关于健康、生计和通过"他人""己事"的"扩张"获得"证实"的那些瞬间。我又一次仔细研读李不才和张不慧对人性原理即幸福原点论的讨论，我真的是迫不及待了。

秘诀1：健康第一

这是最为公开的秘密，最为磨耳生茧的老生常谈。健康不是第一，而是唯一：有一天你辉煌了，一定要有个好身体，才能享受人生；有一天你落魄了，还是要有个好身体，不仅能熬过艰难，还可能东山再起。如果你一生没有辉煌或落魄过，健康更是你的全部了。再说了，生命不就是用健康定义的一个存在吗？

叔本华说："人最大的愚蠢就是用自己的健康换取身外之物。"毫无疑问，健康是幸福的最最重要的部分。

影响健康的因素有以下五个：基因、心态（心情）、运动、饮食、睡眠。关于这五个因素及其与健康的关系，有大量的资料可供查询参考。其中，关于如何达成好的心态，我有自己的思考。

好心态的内核：今天是第一天。

有不少人通过思想实验探讨人生的真谛，扰动了你的灵魂，并提问："假如今天是你生命的最后一天，你会怎么活？"活得精彩一点，免得明天后悔？可是哪有明天呀？！一个只有过去而没有未来和希望的假设是探讨不出任何有意义的东西的，灵魂也就被白白地鞭打了一次。如果把提问改为："假如今天是你生命的第一天，你会怎么活？"问题突然变成没有过去，只有未来和希望，这是一个多么光彩夺目的问题！

而且，今天是未来的第一天本就是个事实，也是对任何人都适用的真理。

在我们人类进化的漫长过程中，曾经因为沟通的不易和理性研究的欠缺，每个个体主要靠总结亲身经历去指导未来的决策和行动。因此，我们的系统中有了非常必要的后悔、懊恼、气愤、痛苦等负面情绪，通过这些负面情绪训练我们对未来的掌控能力。

到了现今，信息发达到了泛滥的时代，通过个体的亲身经历总结经验，显然其效率和精准度都是很低的，是最笨的没有办法的办法。那些后悔、懊恼、气愤、痛苦都是枉然的，是历史在我们基因中残留下的过时的、错误的感性功能。放下历史的负担，认清"今天是第一天"，用我们学习与积累的知识和理性分析能力轻装上阵，去面对未来，去设想、努力、发现、创造、期盼、选择、决策、行动，从而去收获。只要不纠结于过去，未来一定会更好。我们是要留住过去，但留住的是过去的兴奋、过去的柔情、过去的自豪、过去的甜蜜、过去的成就、过去的一切美好，哪怕是一场温暖湿润的小雨。如果我们决意要把过去的一切不幸装在思绪里，就如把垃圾留在家里，坚持不扔，无论多么温馨的家园，也会变得破烂不堪。

让我来举一些"他人"和我自己的真实例子：

严幼韵，外交家顾维钧的第四任太太，活到了112岁。有一次她女儿杨雪兰（严与她前夫所生）下飞机以后坐出租车，结果在路上丢失了自己的首饰，而且是她最爱的首饰。所以杨雪兰当时非常着急、非常生气。她原本是准备去参加生日宴会的，结果所有的好心情都被折腾没了。看着女儿的失落和生气，严幼韵没有安慰女儿，而是和女儿共同回忆一件事情："你还记得我那次丢失首饰的事情吗？那一次我还把所有的东西都丢了。"女儿当然就想起了那件事情。严幼韵说："当时我丢了那么重要的东西，但我选择了放宽心态，并且买到了更好的。所以，只要你人还在，那就一切都好。简单地说，遇到已经不可挽回的事情时，没心没肺就是最好的心情和态度。"

严女士做得很对，但没有把道理讲清楚。我们要做的是不让已经发生的不可改变的坏事情影响现在的心情，不要让不好的心情影响未来，不要让不好的心情把事情变得更坏。真正要做到这一点是比较困难的，因为我们基因中残留下的过时感性还活着，还每时每刻地干扰我们，让我们不知不觉地后悔和懊恼，让我们揪住过去的不好不放。要克服这些基因中必然的负面，我们只需要不断地提醒自己今天是第一天,用今天是第一天的事实重复地刻意地训练自己。

就严女士这种心态,她能活到112岁。

我不得不自豪地说说我自己的真实故事了。

多年前的一天早上,我兴高采烈地开着新买的手排挡车去上班,因为是第一次开手排挡,操作不熟练,停车时把车门撞了个大窟窿。我的心也好似被撞了一个大洞,好空好空,心情极差,呆呆地站在车旁,但很快我调整情绪,告诉自己:"给你五分钟发呆时间,五分钟之后就当此事未发生,决不可以影响今天的心情和今天的工作,决不允许把损失扩大。"我非常可笑地大声命令自己。虽然那时我还年轻,但在决心和理性的管理之下,还是勉强做到了不让这件事情影响心情,让那一天在轻松潇洒下过得高效、在云淡风轻下过得激情洋溢。

后来有一次,我和我朋友西装革履地参加一个在纽约的新年酒会。酒会很正式,地方不大,人却不少。几乎每个人都站着,端着自己的餐盘和一杯葡萄酒。我和我朋友都端着细高脚的香槟杯。柔和的门德尔松小提琴协奏曲和明亮适中的米白色微暖灯光让酒会显得正式、轻松和浪漫。人们用彬彬有礼、不高不低的声音愉快地交谈着,轻柔温馨的笑声弥漫在整个空间。为了从餐桌上拿吞拿鱼塔塔，我和我朋友都把香槟酒杯放在自己左手的餐盘上，这时，朋友想跟我说什么，稍有分神，笨拙的我把高高的香槟酒杯掉落在坚硬的红木地板上，碎了，发出了与酒会非常违和的清脆声响。不少人停下了交谈，也有人收住了微笑，更有人做出惊恐状，向我们行"注目礼"。接下来发生的事情给了我一辈子的谈资。我用了秒级的时间整理了心态，在把表情从尴尬变成微笑的同时，迅速地从我呆慌的朋友盘中拿过他的香槟酒杯，放在我的盘子上，然后，轻松又诡异地对我朋友说："别尴尬了，没关系的，让服务员来收拾一下就是了，我去给你再拿一杯酒？"我朋友迟钝了一两秒，明白过来了，从苦笑到大笑。我相信，几十年后他应该还记得那个轻松时刻。当时我几秒钟的心路历程是这样的：蒙和惊讶，镇定，放松，幽默，坚持不笑。我当时最难的不是感到尴尬，而是憋住笑。

把摔碎酒杯那一刻作为时间的起点，去思考和行动，才有可能把本是不好的一件事情变成愉快，这就是好心态的内核。这个例子也是"今天是第一天"的秒级例子。

健康的其他四个因素是不言而喻的。它们有一些共性：都至关重要，都不难理解，都不容易做到。

秘诀 2：生计第二

幸福的原点"生存"部分的第一个分支是健康，第二个分支是生计。来到这个世界本身是极其幸运的，然而我本人也经历了生计带来的许多不幸：从体力劳动的过度劳累到食不果腹，从沦落街头到有病不能医，生命难以为继。

之于幸福，生计是仅次于健康的存在，大部分人都要为了生计工作。而从幸福的角度，我们大部分人对生计却有巨大的误解。所谓生计就是有足够的食物、水、保暖衣物、遮风挡雨的安身之地和基本的医疗保障。现今社会，基本生计是不太难满足的，难满足的是物欲。人们很容易混淆生计与物欲。如果物欲可以不请自来，幸福就可以悄悄溜走。

我们都会傻乎乎地为自己辩解：我想住在一线城市，这难道不是生计？我二十几岁结婚要有房有车，这难道不是生计？我的孩子要上好学区，不是生计？我邻居的孩子在读私立学校，这对我难道不是"生存"压力？我想要创业成功，这不都是生计所迫？更有甚者，我的一个有上亿资产的朋友说他的"生存"压力很大，说如果能挣到十个亿，这辈子就不需要为"生存"操心了。朋友们，对不起，所有这些都不是生计，都是物欲！

柔温馨的笑声弥漫在整个空间。为了从餐桌上拿吞拿鱼塔塔，我和我朋友都把香槟酒杯放在自己左手的餐盘上，这时，朋友想跟我说什么，稍有分神，笨拙的我把高高的香槟酒杯掉落在坚硬的红木地板上，碎了，发出了与酒会非常违和的清脆声响。不少人停下了交谈，也有人收住了微笑，更有人做出惊恐状，向我们行"注目礼"。接下来发生的事情给了我一辈子的谈资。我用了秒级的时间整理了心态，在把表情从尴尬变成微笑的同时，迅速地从我呆慌的朋友盘中拿过他的香槟酒杯，放在我的盘子上，然后，轻松又诡异地对我朋友说："别尴尬了，没关系的，让服务员来收拾一下就是了，我去给你再拿一杯酒？"我朋友迟钝了一两秒，明白过来了，从苦笑到大笑。我相信，几十年后他应该还记得那个轻松时刻。当时我几秒钟的心路历程是这样的：蒙和惊讶，镇定，放松，幽默，坚持不笑。我当时最难的不是感到尴尬，而是憋住笑。

把摔碎酒杯那一刻作为时间的起点，去思考和行动，才有可能把本是不好的一件事情变成愉快，这就是好心态的内核。这个例子也是"今天是第一天"的秒级例子。

健康的其他四个因素是不言而喻的。它们有一些共性：都至关重要，都不难理解，都不容易做到。

秘诀2：生计第二

幸福的原点"生存"部分的第一个分支是健康，第二个分支是生计。来到这个世界本身是极其幸运的，然而我本人也经历了生计带来的许多不幸：从体力劳动的过度劳累到食不果腹，从沦落街头到有病不能医，生命难以为继。

之于幸福，生计是仅次于健康的存在，大部分人都要为了生计工作。而从幸福的角度，我们大部分人对生计却有巨大的误解。所谓生计就是有足够的食物、水、保暖衣物、遮风挡雨的安身之地和基本的医疗保障。现今社会，基本生计是不太难满足的，难满足的是物欲。人们很容易混淆生计与物欲。如果物欲可以不请自来，幸福就可以悄悄溜走。

我们都会傻乎乎地为自己辩解：我想住在一线城市，这难道不是生计？我二十几岁结婚要有房有车，这难道不是生计？我的孩子要上好学区，不是生计？我邻居的孩子在读私立学校，这对我难道不是"生存"压力？我想要创业成功，这不都是生计所迫？更有甚者，我的一个有上亿资产的朋友说他的"生存"压力很大，说如果能挣到十个亿，这辈子就不需要为"生存"操心了。朋友们，对不起，所有这些都不是生计，都是物欲！

物欲与幸福是成反比的，因此，尽力降低物欲，力所能及地把物欲关进笼子，幸福就回来了。

正如弘一法师说："别贪心，你不可能什么都拥有。别灰心，你不可能什么都没有。"

最难的不是获得维持生计的基本物质，最难的是去除错觉，去除类似于李不才的"海景悖论"的错觉。"海景"与"生存"有关，但关系很小且短暂，它是乔装成"生存"因素混进我们幸福诉求之中的"扩张"因素。

有太多的"海景悖论"混进我们的"生存"努力之中，让大部分人都觉得"生存"压力巨大，一生当中的每一天都在为"生存"奔波，为活着而活了一辈子，多可悲呀！比如，房贷压力，房子的大小与生计的关系是不大的，基本上不影响你健康地活下去。相对富足的社会自杀率高，生育率低，正是因为在相对富足的社会里（一般都是大城市），人们自己把精神内卷定义成了"生存"压力，让多如牛毛的"海景悖论"混进了"生存"。这或许能解释"25号宇宙"的实验结果，也或许在警告人类，人群的高度聚集（高度城市化、高度文明）最终会让人类自我毁灭。

太多年轻人因为"生存"压力而放弃生育，同时，相对贫穷的国家和地区生育率却居高不下。"生存"压力完全解释不了生育率的高低，同时，"25号宇宙"实验直接给了我们人类一个恐怖的预测。

秘诀3：优化比较

幸福的第二个原点"扩张"的核心就是"比"，因为比较是"扩张"被证实的必经步骤。没有比较，我们无法知道大小，也就无法证实"扩张"。"比"则可以分成三类："捆绑的""放弃的""可选的"。

我们要做的是尽量减少"捆绑"的比，增加"放弃"的比。对于"可选"的比，要选择适当地比。

减少"捆绑"："捆绑"的比是理性极难克服的心理障碍，罗杰·克林顿、马克·奥巴马、哈利王子、轿夫和维特根斯坦等都是非常好的正面和反面事例，割断"捆绑"的比比在心理上克服"捆绑"的比要更有效。作为轿夫，谁都不可能高兴地抬着自己的弟弟，而最好的办法就是回避。

增加"放弃"：不与乔丹比篮球是比较容易做到的"放弃"，在老同学聚会上放弃所有的比较就相对困难很多，而放弃参加自己混得连中等都算不上的老同学聚会并不难，我们应该尽量避免劣势比较的可能，不去参加一个自己会输掉的比赛是轻而易举的。

选择适当的比：涉及"己事"和"他人"两个方面。

（1）适当选择"己事"：我们所主动和被动地从事的所有活动就是"己事"。显然，我们应该尽量摆脱被动的行为和活动。对于主动的行为和活动，无论是职业的（比如工作和学习）、生活的（比如烹饪）或娱乐的（比如体育），都是适当为宜。"己事"依据难度可以分为六档：无聊，有趣，激动，挑战，压力山大和抑郁。有趣、激动和挑战是应该选的三类。无聊、压力山大和抑郁都是有碍幸福乃至有损健康的，即不要选择最容易或最难的事情。性格温和的人应该选择有趣和激动的事情，性格激进的人应该选择激动和挑战的事情，谁都不应该选择无聊、压力山大和抑郁的事情。

（2）适当选择"他人"：最好能在不同的维度上选择不同的人群作为比较群体。如前文中提及的，不要与运动员比体能，不要与物理学诺贝尔奖得主比智商，不要与世界首富比财富。能比多半人强即为适当。比如，在学校里的成绩至少排在50%的人以上，如能达到80%之上更佳。也因此，选择自己勉强能挤进的社区、公司或学校、人际圈子，都是必然不幸福的。最好是在我们在意和关心的各个方面，自己都能超越80%的我们所选择的比较人群。做前50%的"中等生"是我们正常的选择,做前20%的"优等生"是我们的理想选择。

这里"适当"也包含对"欲值"(欲望阈值)的管理和调整,也就是不要有太高欲值。要设置没有"执念"的适当欲值。做到50%以上不能算执念;而一定要做到万里挑一,那便是执念了。

秘诀4:选择职业

职业是"己事"之一,单列出来是因为其重要性和特殊性。因为职业占人生的比重很大,职业选择的重要性是不言而喻的,但比较遗憾的是,我们都是在青春懵懂的时候就开始选择职业了,一生当中又可能不断地更改或修正,还伴随着现实的困境,以及关于理想、抱负等热血沸腾的情绪的参与。基于前文已经充分论述的原理,职业选择并不那么复杂。

每个个体都有一个起点,就是自己的出生,这包含遗传基因、父母、家庭情况和社会环境。职业选择当然是在这个起点的前提之下的。从"生存"与"扩张"的意义上,职业选择要符合三个基本原则。

(1)适合"生存"。虽然现今社会的基本生存保障变得越来越容易,但基本生存保障的重要性一般是高于"扩张"欲望满足的重要性的。这个考量与个体的已有物质情况是直接相关的。假如已有物质贫乏,职业对基本生存的适合性就重要很多,假如已有物质充分,适合"生存"就不那么重要了,职业的选择空间也会大很多。

(2) 用己所长(依赖于基因和已有的能力训练)。很显然,如果爱因斯坦选择了NBA,而乔丹选择了物理学,他们都不会幸福,也浪费了人才。我们大部分人都在他们两人中间的位置,选择也不应该是困难的事情,只是难为了多才多艺的人了。也就是说,要选择与自己的长处相匹配的职业。所谓喜欢,更多地是因为能发挥自己的长处,并不是源于我们主观情绪上的偏好。乔丹可以自称是因为喜欢篮球、热爱篮球,爱因斯坦如果有乔丹的运动天赋,估计物理学也就少了一个巨人。当然,像张不慧那样长处很多的人,会有选择的困难。

(3) 终身上升。这是一个比较容易被忽略的原则。因为过去的经历很容易改变我们的欲望阈值,在"扩张"的比较里,我们大都也会与自己的过去比(其实这是一个"捆绑"的比较,退休就是仪式化地把这个"捆绑"的比较变成"放弃"的比较),这使职业随年龄上升变成了一个重要的原则。很容易找到反例,不止一位足球巨星退役后只能靠花钱去弥补失落,用赌博吸毒填补空虚。不少其他顶尖运动员和少年时就大红大紫的明星也非常类似,抑郁自杀也在常理之中。从来没听说过老中医自杀的故事,因为他们的职业是越老越吃香的。

秘诀5:管理婚姻

李不才在问题4的答案里有较详细的讲解,我就不赘述了。婚姻是"捆绑"的比较,要化解是比较困难的,最重要的是在客观上弱化比较,在主观上"放弃"比较来抵消"捆绑"。也就是要:(1)少在乎事情,多在乎人,在夫妻关系中去除责怪和抱怨,关注对方感受,共同解决出现的问题,这也是爱的内核;(2)鼓励、支持和帮助对方从事外部世界的工作、爱好、公益;(3)尽量分工,责权一致;(4)尊重对方(举案齐眉)。

这四点都做到了,人性积极的部分就会把婚姻变成人生幸福的重要组成部分。

秘诀6:爱与被爱

正如不才所说,我知晓爱与被爱是一个巨大的题目,但我无力深究。至于我自己，爱与被爱是生命中最无与伦比的幸福历程。我享受过那种幸福的快乐，那种深处其中不知所措的紧张，那种倾情付出和尽情享受的同在，那种想拼命拽住又莫名其妙失去后的沮丧，和随之而来的伴随余生每分每秒的美妙回忆。

爱与被爱是孤独的反面，是我们与世界最强的关联，是人生最幸福的事情，也是稀有的存在。我们每个人都应该抓住一切可能，去拥抱爱与被爱共存的关系。

实在没有爱与被爱时，那就养个宠物，养很多宠物！

爱情、亲情、宗教信仰和友情都是爱与被爱最重要的选项。

宗教信仰不光是爱与被爱的纽带，还是去除对死亡恐惧的最好途径。

一切道理、一切理想、一切恐惧与慌乱，各种利益得失，乃至生死，在爱与被爱面前都显得渺小，变得不值一提。

秘诀7：拥抱娱乐

李不才和张不慧对娱乐的讨论都太少了，我来做点非哲学性的补充吧。

我以为，人类最伟大的发明就是娱乐（我把艺术也全部归于其中了），这包括各种体育竞技（从球类到田径、从摔跤到格斗，五花八门），艺术（文学、绘画、音乐、影视、建筑、雕塑、舞蹈等）、电子游戏、博彩和线上线下社交等，这些娱乐给人类提供了幸福。随着人类文明的演进，娱乐占据社会资源的比重和占据消费者个体时间及金钱的比重也在与日俱增。对于个体而言，唯一困难的事情是区分热爱和上瘾。

娱乐本质上给了人们低成本地通过虚拟或类虚拟"扩张"而获得幸福（快乐）的机会。但很多娱乐也有只带来快乐而不带来幸福的嫌疑。在我的字典里，持续的积极情绪就是幸福，或者说持续的快乐就是幸福。有些快乐是极其短暂的，而且还伴随着对幸福的破坏。比较直接简单地鉴别就是是否会上瘾，即上瘾的娱乐最有可能是不带来总体幸福的，如赌博。

比较难以理解与例外的社会行为也有，如观看公开处刑、魔术、喜剧和吸毒。

在欧洲早期的几个世纪里，观看或参与惩罚犯罪分子或无家可归者的行刑过程是一种为大众接受的社会行为。难以理解之处是大众的镜像神经都去哪儿了？其实镜像神经一直都在，只不过在观看公开处刑时，人们所获知的"正义得到伸张"的"扩张"感，严重抑制了镜像神经的作用。其实从民众乐于欣赏公开处刑这个例子中，我们也可以窥见一个残酷的社会动荡现象背后的原理，即暴民群体为何在集体施暴欺凌弱者时会感到满足。

魔术或是因神奇性给受众带来不一般的体验而递送了一定意义上的"扩张"，这还马马虎虎可以理解，但喜剧却是最难解释的。我理解的喜剧（喜剧故事、相声、脱口秀、日常幽默等）是惊喜、不同寻常、突然否定、逆转和夸大、推翻假设和期望、制造和揭露荒谬、编撰和重现颠倒。重头可能还是"惊奇"，或许这份惊奇与魔术同理，给我们平淡无奇的生活增加了一些不平常。

毒品是直接物理干预了生理系统而产生极度而短暂的快乐，它永久性地改变吸毒者的神经系统，并导致依赖。这种极度而短暂的"快乐"很显然对总体幸福是具有破坏性的。上面这句论述同样适用于酗酒和嗜烟，但是，茶、咖啡这些"轻量成瘾"，则似乎不在此列。

结论倒是很清晰：保护健康，拥抱娱乐，规避上瘾。

读者朋友们，幸福真的不难！不信？以上是获得幸福的七条秘诀，我们只要在日常生活中不断地施用这七条基于幸福原点论的方法,幸福就能与日俱增。不要被不慧吓着,"提升幸福跟减肥有着类似的简单性、类似的困难性、类似的因人而异的特点"。其实,持之以恒地使用以上秘方,幸福一定会不断提升的。当然,持之以恒地去健身房,减肥也就不难了。

你李不才和他张不慧对幸福的反面,即痛苦和焦虑讨论得太少,感谢把这个机会留给我,让我补充一些如何减少和消除痛苦与焦虑的法门。

要消除痛苦与焦虑,有五道法门。与呼吸幸福相比,背后的"生存"和"扩张"原点是一样的,所以内容上会有重复的地方,但是,从泰山的南面和北面看同一座泰山的风景还是略有不同的。

几十年前,我自己经历过比较严重的焦虑,且经年历久。回忆起来,更多地不是因为当时的境况,而是因为不认识不才和不慧,不知道人性原理的"生存"与"扩张"欲望,不知道焦虑背后的真正原因,也就更无从谈起如何消除焦虑了,真希望自己当时知道现在知道的这些。

第一道法门:悟。

既然是悟,就难免有点哲学了。我试着班门弄斧一下。

关于过去，有两个真理；关于未来，也有两个真理，这些真理都显而易见，却又都非常容易被淹没在生活日常的尘嚣中。

关于过去的真理之一：我们的生命纯属偶然，因此，不管活得怎样，我们每个人都有理由为自己生命的每一天感到幸运，每一天都值得庆祝，每一天都有理由起舞。

关于过去的真理之二：过去的事情既成事实，无法改变，任何因为过去的负面的事情而产生的后悔或沮丧都于事无补，只可能是害人害己，必是愚昧的。而把过去的美好回忆用照片、视频、文字记录下来，则是几无代价地多重复制幸福。丢去一切不好的，过去就都是美好。虽然铭记教训听上去很理智，实则是自寻痛苦，毫无益处，极不理智。

关于未来的真理之一：我们的生命一定会结束，既然如此，我们没有任何理由纠结结果、担心结果，最终的结果就是死亡。

关于未来的真理之二：无常常在，我们在不确定性（命运）面前都非常渺小，不要害怕命运波诡云谲，也不要企图主宰命运，应当欣然接受命运的安排，在命运所给予的选择空间里做最好的选择、努力和行动。当然，也是不确定性（命运）让未来充满希望，充满魔幻。恐惧是所有焦虑最核心的原因，对未来的恐惧，对未知事物的恐惧，对恐惧的恐惧。当我们清楚地知道无常是常在时，我们可以看到未来可能带来的所有变化和希望，实在不应该把未来无常中的可能负面当作事实去看待，甚至被困在里面。

把这些真理放在一起也就是生命中仅有的两个常在：时间和无常。只要我们直面真理，悟出这两个常在，焦虑就自然减缓乃至消失了。

时间是什么呢？我们先把爱因斯坦放一边。时间是一个恒定、有条不紊、不紧不慢的东西。不可以快进，更不可以快退。为了假装快退，我们研究历史，看古装剧，还用童颜相机还原自己童年的样子。为了假装快进，我们研究未来学，探究大趋势，看科幻，我们用百变时光机模拟和偷看自己老了的样子。不少人偷看过吧？时间的单向性是如此简单，又是完全不可逆的。因此，耿耿于怀于过去的负面就是不明智，乃至愚钝了。

无常是常在，如空气一般伴随着我们生命的每分每秒。无常既然叫无常，我们对此担心就变得彻彻底底地没有意义。一旦发生你不想要的无常，你唯一要做的是最快地接受事实，不要后悔，不要抱怨，不要叹息，不要说如果。

悟出了时间和无常这两个常在，读者朋友们一定会有一个直截了当的态度：今天是第一天，每一个今天都是未来的第一天。这意味着：不屑于过去的负面，对今天任何状态的接受，在未来的无常中看到希望。

请读者们试一试，大部分的焦虑都会被"今天是第一天"的真理所溶解。

第二道法门：比。

这是最强大也最包罗万象的法门。与幸福一样，大部分焦虑也是"比"出来的。

人生有"比比"皆是的幸福，也有"比比"皆是的痛苦和焦虑。

佛说人生有八苦：生、老、病、死、爱别离、怨长久、求不得、放不下。众生皆苦，没有谁能活得轻松如意，没有"比比"皆是的痛苦，何来"比比"皆是的幸福？让我们来看生命幸福的原点："生存"和"扩张"。

"生存"无忧给我们带来幸福。当我们康健无恙、温饱有加、风调雨顺、岁月静好时，我们会感谢上苍，也为生命的力量和人生的旅程感到奇妙、充实和满足。

"生存"的挑战也给我们带来痛苦和焦虑。当我们天生体弱多病，当有天灾人祸，当遇饥不果腹，当逢战争突临，当深陷绝境……我们感叹时艰命舛，抱怨世道不公，担心明日何如。

幸运的是，人类文明发展至今，已经使解决我们最基本的生计问题变得容易了许多，特别是最近一两百年来医疗的进步和食物生产力的大幅提升，让我们最基本的生计有了比较好的保障。

所以，抛开"生存"（生计）问题，我们绝大部分的幸福和痛苦都来自原点的另一部分："扩张"及其"证实"。焦虑也就随不理想的比较结果诞生了：当我的工作比我同班同学都差，当我的工资低于一起进公司的伙伴，当我儿子没有同龄的某个孩子优秀，当我的房子是本小区最差的户型，当我特别喜欢的家乡足球队没有进甲级联赛的决赛，当我想要却没有能力拥有一个名牌包包或手表，当我的自媒体粉丝从一百万降到了五万，当我创业的公司从行业龙头被诸多后来者超越，当我瞧不起的同学升官，当我的同胞傻弟弟拥有十倍于我的财富，当我走了下坡路，当我没有工作（也就是再也没有公司愿意雇我了）时，等等，不胜枚举的各种形式对我们生命之"扩张"的相对不认可，都会让我们不断产生焦虑。

如果事情与以上的陈述相反，我们就会幸福。

焦虑就是"比"出来的，幸福也是"比"出来的。

二十多年前，我参加过纽约马拉松，那年总参赛者为三万多名，我跑了一万多名，排名在中间。正面地想，有一半人比我慢；负面地想，有一半人比我快。其实我们大部分人的每一个方面都处于正态分布的中间某个位置。

生活的现实从反面看永远是残酷的，而从正面看却又总是轻松和宽容的。

先说反面。假如我们坚持与霍金比聪明，妄想与特朗普比权力，做梦与刘易斯比体能，还要与马云比财富，那我们就注定自觉不如蝼蚁，活着就只剩下焦虑和痛苦了。就算我们并不如此偏执，在现实生活中用尽全部积蓄并尽可能地贷款，只在一线城市买了最差的房子，我们便在自己本来可能很幸福的生命里埋下了痛苦的伏笔。如果你足够愚钝，就一定有办法把自己"比"得连蝼蚁都不如。

让我们从正面看生命、看生活的现实。就算我仍然要与以上同样的名人比，但我明智地选择了与霍金比健康，与特朗普比身材，与刘易斯比数学，与马云比身高，那可是实实在在的满足感！其实，在现实中，不少总统的兄弟姐妹和富人的家人选择了以艺术为职业，正是此理。当然，更明智的是应该选择正确的比较人群，而不是选择名人们做自己的比较对象,这样我们会立刻发现幸福无所不在,"比比"皆是。如果你稍有智慧,就一定有办法把自己比得几近完美。

中国近年来产生的一些极度偏颇的文化,让焦虑成为普遍现象。当人们把物欲横流当作理所当然,把金钱作为价值衡量的主要标准,甚至把拥有财富的多少与成功直接画等号,人与人比较的维度变少了,金钱变成了通往幸福的独木桥。因此,人们追求幸福的道路必然拥堵,必然有推挤,必然有人透不过气,必然有人掉下桥去,必然会让人举步维艰,甚至难以为继,焦虑借此蔓延开来。

多数人对这样极度偏颇的文化不光习以为常,更有认可或赞许。我想引用诗人爱默生对成功的定义,不为别的,只为与我国现今的文化做对比!"经常大笑,赢得聪明人的尊重和孩子们的喜爱,赢得诚实批评者的赞赏,忍受虚假朋友的背叛;欣赏美,发现他人最好的一面,让世界变得更美好,无论是通过一个健康的孩子、一座花园,还是一个得到救赎的社会环境;让哪怕是一个生命因为你而呼吸得更轻松。这样你就成功了!"我喜欢!不才和不慧呀,我很想把"赢得聪明人的尊重"去掉,因为我要想赢得你们俩的尊重实在是太难了。其实,我们仨如果能让读者朋友们呼吸得轻松一点,呼吸到生命中像空气一样到处都存在的幸福,我们也就成功了。

人性中之"比"的需求是长期进化的结果,也是人类进步的动力,是无可厚非也无法更改的基因密码。彻底放下人性,在"庙"里都难!"咖啡悖论"告诉我们,不要放下,不要反人性,幸福所需要的不是否定比较、放弃比较,而是适当地选择用于比较的欲望值,明智地选择比较的对象和不同的比较维度,理性地选择可以平稳上升的职业生涯。学会选择比较,就能消除大部分的痛苦和焦虑。是的,幸福和焦虑都是比出来的,只要选择对了,比一比,全都是幸福;选择错了,比一比,全都是焦虑。只要掌握了以上选择的原理,做正确的选择,大部分的焦虑就没有存在的理由了。

以李不才的日裔朋友T为例,虽然有华尔街的高级白领工作、富足的生活和令人羡慕的子女,但还有与任何一个普通人相似的烦恼、痛苦和焦虑。导致他卧轨自杀的三个主要的事件是:(1)T的太太总是与更富裕的邻居比,估计T自己也这么想。(2)T的事业发展遇到瓶颈,特别是本应该与他平起平坐的同事升为他的顶头上司了。(3)T的太太出轨了。显然这件事与生存没有任何关系,

治愈力：从幸福原点出发

冥想：把纷繁躁动的感性降到最低，让理性启航

却也让他感到卑微了。事件（1）并不简简单单是T太太的问题，而是一个选择错误，纠正的办法是搬到一个合适的社区，自己的家境在社区里可排到前20%。事件（2）是职业选择问题，应该尽可能选一个永远上升的职业，并在一个自己能不断晋升的环境里工作，像T这样的人才，换一个合适的工作易如反掌。事件（3）是相对棘手的，我们在有关婚姻的章节中有过讨论。总体上，T更需要用"今天是第一天"的心态，理性找到问题的根源去解决问题，而不应该让事件（3）成为压垮自己生命的最后一根稻草。

T也可以在主观上修正比较结果，比如，他的情况总体上比大部分人好太多，比他刚来美国时也好太多。伟力的开心更多地是与没有还完债的自己比，也与那些还在还债的偷渡客比，伟力的优势是他绝无理由与T的邻居比，正如我们不会因为普京的权力有多大而羡慕、而焦虑。

第三道法门：想。

第一道法门的悟是将外部世界纯净化和沉淀化，把时间和无常的真理提炼出来。而要把内心世界纯净化和沉淀化最有效的办法就是冥想了。

冥想可以让我们从内心的混沌和烦躁中脱离，它需要借助专业人士的指导,更需要外在的辅助,比如安静的环境、合适的音乐、专业的语音引导,当然还需要我们自己的练习。

用冥想把纷繁躁动的感性降到最低,让心灵找到平静的港湾,理性由此启航。幸福原点论非常需要我们的理性系统对感性系统做修改,冥想为这种修改准备了良好的心理环境。

冥想这种以主观为主、客观为辅的法门不光能有助于删除焦虑,还能帮助我们大幅提升注意力、思考力和创造力。

第四道法门:变。

假如前边三个可以主观实现的法门都不足以去除焦虑的话,认真设计客观环境和改变自我行为习惯就是下一个法门。

改变的主轴依次为:(1)增加比较优势;(2)增加爱的关联;(3)增加娱乐,即增加快乐的时间比例;(4)为不同而改变。

职业的改变:工作占据了人生很大一部分时间,因此,职业的改变多半也是最大、最重要的改变,比如李不才的朋友T,他那专业上还不太能与他平起平坐的同学兼同事做了他的顶头上司。这种每天的"捆绑"比较，是T单从主观努力上无法摆脱的梦魇。就他的心理承受能力而论，他必须立刻换工作，甚至换职业。更多的例子包括，如果我们的父辈是学术泰斗，我们最好不要做学问，就算做学问也绝对不要在同一领域，从商或学音乐都是不错的选择；如果我们的父辈是亿万富豪，我们最好是不要从商，做学问或当官都是更好的选择；如果我们的父辈什么都不是，恭喜我们，至少我们没有来自父辈的终生不能摆脱的对比困境。

职业变化最好能满足三个条件：（1）确保"生存"；（2）比同僚有优势；（3）职业前景是上升的。除此之外，职场不光是一个竞争的环境，最好也是一个能让你加强与这个世界联系的环境，所以，在选择和改变具体职场环境时，能否在同事关系和业务关系里建立更多更好的友情，也是目标之一。

日常生活的改变：日常生活的改变包括涉及每日起居的所有方面，比如邻居的改变、自然环境的改变、生活习惯的改变、运动习惯的改变、饮食习惯的改变、业余爱好的改变。如果这些改变能让我们在客观上改变"比"的困境，增加"比"的心理优势，那就是对症下药了。当然，能同时增加爱的关联和快乐时间比例，就更加完美了，比如赏心悦目的环境、大汗淋漓的运动、新的业余爱好等。

人文环境的改变：也就是"圈子"的改变，包括大的文化环境和局部文化环境。大的文化环境可以是国家和区域，局部的文化环境则是亲属、朋友、熟人、同学、生活的小区、业余爱好的小圈子、情绪互助小组。当然，我们希望人文环境变化后，我们的比较优势增加了。但是，人文环境变化最重要的目的是增加与这个世界爱的关联。

宗教信仰的改变：宗教信仰的改变并非易事，那些伟大的科学家晚年皈依宗教基本都是误传。但是，信仰宗教会比较彻底地改变我们的心理环境，从而打破焦虑的恶性循环。信仰更是爱的方式之一，是个体与世界强关联的体现。

业余爱好的改变：拥抱娱乐，增加娱乐项目，包括开始新的兴趣爱好。但要发展健康的爱好，不要触碰易上瘾的项目。

第五道法门：医。

这也是最后一道法门，即心理治疗和药物治疗抑郁或焦虑。通过药物改变神经系统，改变神经系统的敏感、疲劳等，或是通过安慰剂打破心理魔咒，通过重复心理咨询来平衡焦虑的正反馈机制,都是最后的办法了。

很多痛苦、焦虑、抑郁都与神经的敏感和疲劳无关,也走不到第五道法门。如果读者有兴趣,在现实生活中找一些抑郁被治愈的案例,一定会发现很多成功案例不涉及心理治疗或药物治疗。连过这五关的痛苦和焦虑的人,更是少之又少。

我们仨深挖人性,挖到底了、挖到根了,挖明白了如何从原点长出枝繁叶茂的大树,过上绚丽多彩的幸福人生。如果读者能一字一句地读到这里,我毫不怀疑我们仨已经改变了读者的人生。真的不用谢!读者也不难发现,我们仨也因此通过"扩张"而更幸福了,我代表我们仨谢谢读者们的成全!

让我把读者朋友们和我,都叫大家。大家的人生,如底部肥沃而表层干裂的土地,以上这些文字就是愉快跳跃的雨滴,只要大家一天一天地允许这雨滴去滋润土地,幸福的种子会自己发芽,一晃眼,它就长大了。

如果大家允许以上的选择灌溉自己的人生,并不需要多少努力,我们应该就能够像哲学家维特根斯坦那样,临终前向送别的人耳语道:"告诉他们,我度过了幸福的一生。"

或者……

附：幸福小手册

基于生命之偶然诞生和必然死亡的公理假设，我们推导出人类基因里自带的生命意义和目标：幸福最大化！幸福的原点是"生存"（健康、生计）和"扩张"（通过"他人"和通过"己事"）加权之和。"扩张"可以是真实的、仿真的、虚拟的，但必须通过比较得到"证实"。

依此，我们推导出实用的幸福清单和去除焦虑的法门。

幸福清单

> 1. **健康第一**
>   a. 基因、心态、运动、饮食、睡眠。
>   道理太简单，行动有困难。
>   b. 好心态的内核是：今天是第一天。
>   不要借口你做不到，因为傻子都能做到。
>
> 2. **生计第二**
>   a. 为生计工作。
>   涨工资，涨工资，涨工资。
>   b. 尽量降低物欲。
>   吃喝要好，除此之外难道还需要其他吗？
>   c. 去除错觉。
>   海景不是生计，虚荣心不是生计。

3. 优化比较

要攀比，要正确地攀比。

如果你足够愚钝，就一定有办法把自己比得蝼蚁不如。如果你稍有智慧，就一定有办法把自己比得几近完美。

a. 减少"捆绑"的比。

b. 增加"放弃"的比。

c. 选择适当的比。

　　适当选择"己事"：性格温和的人应该选择有趣和激动的事情，性格激进的人应该选择激动和挑战的事情，谁都不应该选择无聊、压力山大和抑郁的事情，谁都不应该选择最容易的和最难的事情做。

　　适当选择"他人"：做前50%的"中等生"是我们正常的选择，做前20%的"优等生"是我们的理想选择。

d. 设置没有"执念"的适当欲值。

4. 选择职业

你确定想一辈子做你喜欢做的事情？它长成这样：

a. 满足生计。

b. 用己之长。

c. 终身上升。

5. 管理婚姻

把爱情的坟墓改建成甜蜜的小木屋。

a. 少在乎事情，多在乎人（去除责怪和抱怨、关注对方感受、共同解决问题），这也是爱的内核。

b. 鼓励、支持和帮助对方从事外部世界的工作、爱好、公益。

c. 尽量分工，责权一致。

d. 尊重对方（举案齐眉）。

治愈力：从幸福原点出发

什么是幸福？

> 6. **爱与被爱**
>   给我吧,永远都太少。
>   a. 爱情,亲情,信仰,友情。
>   b. 抓住一切可能,去拥抱爱与被爱共存的关系。
> 7. **娱乐**
>   依然是,给我吧,永远都太少。
>   a. 拥抱娱乐。
>   b. 保护健康。
>   c. 规避上瘾。

焦虑删除键

1. **悟:** 不屑于过去的负面,对今天任何状态的接受,在未来的无常中看到希望。

2. **比:** 同幸福清单3,优化比较。

   如果你足够愚钝,就一定有办法把自己比得蝼蚁不如;

   如果你稍有智慧,就一定有办法把自己比得几近完美。

3. **想:** 用冥想把纷繁躁动的情绪降到最低。

4. **变:** 职业的改变、日常生活的改变、人文环境的改变、宗教信仰的改变、娱乐的改变。

   所有这些改变都是为了同样的一些目的,依次为:(1)增加比较优势;(2)增加爱的关联;(3)增加娱乐,即增加快乐的时间比例;(4)为不同而改变。

5. **医:** 心理治疗和药物治疗。

后 记

● 书名的最初选择是《人性原理》，这个书名有点大，但我们搜肠刮肚，也没有找到更合适的书名，不知道算是遗憾，还是庆幸。古今中外关于人性的哲学讨论很多，也都颇具哲学该有的抽象和艰涩。本书取人性的常识含义，而非正统的哲学定义，不仅仅是因为我们在哲学和心理学方面才疏学浅，更是想让读者轻松地深探人性，理解原理，获得幸福。

后来在编辑们的专业建议下，我们决定将书名改为《治愈力：从幸福原点出发》。这样做的原因有两个：一是在时代变局之下，从青年人到中年人无不处于不同程度的焦虑之中，如何打开"治愈"的窗口实现人生的"自愈"，已成当下的普遍"刚需"；二是我们写这本书的初心，其实是想帮助人们通过人性的原理，看到"幸福的原点"，从而实现人生幸福指数的提升，而这个过程，其实就是一种治愈。

　　写这本书是不得不为的。子然惊遇人生不幸，几乎命丧黄泉，然被遣返尘世，却幸福倍增，自觉愕然。其后的日子，子然和沙漠，在几十次无拘无束的畅聊中，窥见了幸福原点。起初我们极度怀疑，于是我们竭尽全力地去证伪，当证伪一一失败时，幸福原点论就诞生了；当我们认识到幸福原点论能给读者带来幸福时，这本书也就不得不写了。

　　罗素把哲学放在神学和科学之间。过去的几个世纪，科学把哲学挤得没有什么地方了，我们倒是认为科学的进步只会让我们把哲学瞄准在人性上，瞄准在如何从哲学的角度重新思考人性，从人性里找到幸福的原点，从原点出发把我们短暂的一生过得绚烂多彩。我们做的就是这样一件边探索边颠覆的事情，它至少会带来两个好处：一是让接受幸福原点论的人轻松地提升幸福感，二是让挑战和批评幸福原点论的人获得另一个角度的思考。

　　我们感谢在这个过程中所有帮助过我们的人，更感谢家人们的理解和支持。特别要感谢的有赵东明教授、潘蒂先生、刘聪律师、宋疾博士、蒋晓飞博士、冀晓强教授、汪安泰先生、王建国博士、顾伟秋女士、张善明博士、徐景安院长、徐扬生校长、刘杨女士、秦岭博士、蔡李隆教授、张韦韪博士、刘启浩博士、刘萌女士、张博辉院长、邓安娜女士、段忠东教授、王雷锦先生、朱星瞳女士、叶伟中博士、胡定核博士以及其他以上未提及的朋友。这些朋友给予我们的不光是鼓励,更多的是思考的冲击、最真诚的批评和思想的输出。最要感谢的是三联书店的唐明星编辑。没有唐女士的鼓励、帮助和修改,这本书是不可能完成的。

  本书作为虚构作品,或有错漏之处,作者对这些错漏负全部责任。本书也有不少全新的思考,不管这些思考正确与否,作者深信全新的思考总能给读者带来全新的视野。

  我们真诚地期盼读者能获得幸福感的提升,这会让我们感受到生命的"扩张"和随之而至的幸福;也特别欢迎读者的批评和反馈,帮助我们翻开新的篇章。

子然 沙漠

2024年春